BIBLIOTHÈQUE DE L'AGRICULTEUR PRATICIEN

DES

ENGRAIS EN GÉNÉRAL

ET SPÉCIALEMENT DE LA

MANIÈRE DE TRAITER

LES

FUMIERS ET LE PURIN

Pour en conserver toute la valeur fertilisante

SUIVIE DE LA

MANIÈRE DE TRAITER

LES MATIÈRES FÉCALES

Par Michel GREFF

DEUXIÈME ÉDITION

PRIX : 50 CENTIMES.

PARIS

LIBRAIRIE CENTRALE D'AGRICULTURE ET DE JARDINAGE

QUAI DES GRANDS-AUGUSTINS, 41

1859

A. GOIN, éditeur, quai des Grands-Augustins, 41, PARIS.

L'AGRICULTEUR PRATICIEN, revue de l'Agriculture française et étrangère, 24 numéros par an, avec figures dans le texte. — Prix : 6 fr.

DES

ENGRAIS EN GÉNÉRAL

ET SPÉCIALEMENT DE LA

MANIÈRE DE TRAITER

LES

FUMIERS ET LE PURIN

Pour en conserver toute la valeur fertilisante

SUIVIE DE LA

MANIÈRE DE TRAITER

LES MATIÈRES FÉCALES

Par MICHEL GREFF

Auteur du *Catéchisme agricole*, de la *Fermière*, etc.

———

DEUXIÈME ÉDITION

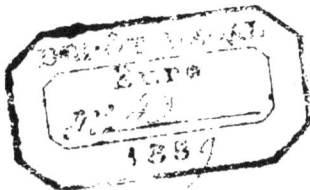

———

On peut, à première vue, lorsqu'on entre
dans la cour d'une ferme, juger de l'industrie,
du degré d'intelligence d'un agriculteur, par
les soins qu'il donne à son tas de fumier.

BOUSSINGAULT.

PARIS

LIBRAIRIE CENTRALE D'AGRICULTURE ET DE JARDINAGE

QUAI DES GRANDS-AUGUSTINS, 41

— Auguste GOIN, Éditeur. —

———

1859

Evreux, A. HÉRISSEY, imprimeur — 859.

DES

ENGRAIS EN GÉNÉRAL

ET SPÉCIALEMENT DE LA

MANIÈRE DE TRAITER LES FUMIERS ET LE PURIN

Pour en conserver toute la valeur fertilisante.

IMPORTANCE DES ENGRAIS.

De toutes les questions agricoles, celle des engrais est sans contredit la plus importante. Elle intéresse à la fois l'économie domestique et la prospérité générale : les progrès de l'agriculture dans une contrée, comme le succès d'une exploitation, sont subordonnés à la manière dont les engrais y sont recueillis, traités et employés.

Pourquoi l'art de cultiver la terre est-il plus avancé dans certaines parties de l'Europe que dans d'autres? Pourquoi l'agriculture est-elle florissante dans les départements français du Nord et du Pas-de-Calais, dans les anciennes provinces de la Franche-Comté, de l'Alsace et de la Normandie? Parce qu'on y produit une plus grande quantité de bons fumiers, parce que les autres engrais y sont soigneusement utilisés, que toutes les matières fertilisantes y sont traitées avec intelligence.

Et, sans aller ainsi chercher des exemples lointains, pourquoi nos jardins et les champs qui avoisinent nos villes et nos villages sont-ils d'une fertilité extraordinaire? Il n'est pas un jardinier, pas un cultivateur qui n'attribue avec raison à l'engrais dont on sature ces terres leur fécondité prodigieuse.

Il y a plusieurs autres moyens de contribuer à la fertilité du sol : les amendements, les stimulants, le drainage, les labours, les irrigations et les assolements, appropriés à la nature et à l'état de la terre, sont autant de moyens de la fertiliser. Aussi les juges donnèrent-ils raison à Crésinus, cultivateur romain, quand, pour se défendre de l'absurde accusation de magie contre des voisins paresseux et jaloux de ses belles récoltes, il se présenta devant le peuple accompagné de sa fille, paysanne robuste bien nourrie et bien vêtue, entouré de tous ses instruments de labour : « *Voilà, citoyens*, dit-il en montrant ses outils luisants et en bon état, des hoyaux pesants, une charrue bien équipée et bien entretenue, et ses bœufs fortement membrés et en chair, *voilà mes sortiléges. Je ne puis pas vous produire ici mes sueurs, mes veilles, mes travaux de jour et de nuit.* »

Mais, sans les engrais, toutes les autres sources de la fertilité du sol seraient impuissantes.

L'engrais est le nerf, l'âme, la vie de l'agriculture. Point d'engrais, pas d'agriculture possible dans la plus grande partie de l'Europe ; peu d'engrais, pauvre agriculture. A mesure qu'augmente la quantité des engrais, une route meilleure apparaît, et l'on voit naître le désir d'y entrer ; mais il n'y a que l'abondance des engrais soumis à un traitement convenable qui puisse réaliser pour le cultivateur et la société les espérances qui reposent actuellement sur l'agriculture.

Qu'il a dû être vivement pénétré de l'importance des engrais, le peuple latin, quand il déifia, sous le nom de Sterculus, soit l'heureux mortel qui apprit à ses semblables à multiplier les produits de la terre par l'emploi du fumier, soit la puissance même de cet agent indispensable de la végétation ! C'était une singulière divinité ; mais les autels qui s'élevèrent partout en son honneur étaient plus utiles à l'humanité que ceux où l'ignorance sacrifiait des victimes humaines. C'est l'importance qu'il attachait aux engrais et l'intelligence qu'il apportait au traitement de cet élément essentiel du progrès agricole, qui ont permis au peuple romain d'élever ses terres à cette prodigieuse fertilité dont nous parlent les historiens et les auteurs géoponiques contemporains, fertilité que nous serions tentés de regarder comme fabuleuse. En effet, des champs qui rapportent soixante, quatre-vingts et jusqu'à cent fois le grain dont ils sont ensemencés, voilà pour nous des prodiges inouïs, incroyables. Pourquoi ? Je le répète : parce que nous ignorons la puissance du dieu des récoltes abondantes, et que nous ne savons ni empêcher la plus grande partie des engrais de se perdre sans profit pour l'agriculture, ni conserver la force à nos rares fumiers. Nous aimons mieux nous répandre en plaintes stériles sur le prétendu épuisement de la terre, sur le dérangement des saisons et sur mille autres obstacles chimériques, et supputer froidement le temps où, les produits agricoles ne suffisant plus à la nourriture des hommes, nos arrière-neveux devront se décimer fraternellement pour rétablir l'équilibre entre les besoins matériels de la société et les productions de la terre.

DIVISION DES ENGRAIS.

Les engrais sont naturels ou artificiels, c'est-à-dire qu'ils se trouvent dans la terre par le seul effet des transformations qui s'opèrent sans cesse dans la nature libre, comme dans les forêts et les prairies permanentes, ou qu'ils y arrivent par les soins de l'homme.

Ils se divisent ordinairement en trois classes : 1º les engrais animaux simples ; 2º les engrais végétaux simples, 3º et les engrais mixtes ou fumiers, formés de l'union des deux premiers.

Les engrais animaux simples proviennent uniquement des différentes parties du corps des insectes et des animaux morts, ou de leurs dépouilles pendant qu'ils vivent.

Ce genre d'engrais est le plus énergique de tous, car il contient, sous un volume relativement fort petit, une grande quantité de substances essentielles empruntées aux végétaux, et, par conséquent, propres à leur être restituées.

Les engrais végétaux simples se composent des feuilles, des tiges, des fruits et des racines des arbres et des autres plantes. Ils s'emploient à l'état naturel, ou après un commencement de décomposition ; il en est même qui ne servent qu'après une transformation complète, tels sont les tourteaux de lin, de colza et de noix, les résidus d'amidonnerie, de féculerie, de brasserie.....

Ces engrais sont fort communs, mais leur puissance fertilisante est de beaucoup inférieure à celle des engrais animaux. Ils n'apportent, en général, à la terre que le moyen de former une plante constituée des éléments dont ils sont eux-mêmes composés, et de la pousser au point de développement qu'ils avaient atteint. Il en résulte que les récoltes enfouies en vert et les plantes égrainées sont loin d'être des engrais très-énergiques. Il en faut conclure aussi que rien n'est moins fondé en principe que l'importance exagérée qu'on attache généralement aux composts (1).

---

(1) Cette remarque n'ôte rien de leur utilité de circonstance à ces engrais.

Voici quelle quantité de cendres (potasse, soude, chaux, soufre, silice, etc.) les analyses chimiques assignent à quelques-unes des plantes employées soit comme nourriture, soit comme litière, soit, à l'état vert, comme engrais, sur 1,000 parties de matière sèche :

Fanes de pommes de terre...................	150
Fèves de marais en fleurs.........	122
Pois en fleurs.............................	95
Maïs en fleurs............................	81
Foin de prairie..................... de 70 à	90
Paille d'orge	52
— d'avoine.........	51
— de vesce....................	51
— de millet.......................	48
— de maïs........................	40
— de froment.............. .. de 35 à	70
— de colza.....................	38
— de seigle	36
— de sarrasin....................	32
Lupuline verte........................	15

Le troisième genre d'engrais résulte d'un mélange des deux précédents. Il est le plus généralement employé et fixera notre attention d'une manière particulière. Les qualités, la nature et la forme de cet engrais varient à l'infini : toutes les déjections animales solides ou liquides, se trouvant plus ou moins mélangées de détritus végétaux, sont des engrais mixtes. On les désigne communément sous la dénomination générique de fumiers.

FUMIERS.

Ce genre d'engrais est plus ou moins puissant : 1º selon les animaux qui concourent à leur confection ; 2º selon l'état de ces animaux ; 3º selon les végétaux qui y entrent, 4º et selon le traitement qu'on fait subir au mélange.

ANIMAUX QUI PRODUISENT LE FUMIER.

Les animaux sont carnivores, granivores ou herbivores ; autrement dit, ils se nourrissent de chair, de graines ou d'herbes et de racines. Je ne parlerai pas des deux premières espèces, parce que les engrais qu'ils fournissent, d'ailleurs très-riches en substances fertilisantes, sont rares et pour cette raison négligés par l'agriculture.

Les animaux domestiques qui se nourrissent presque exclusivement d'herbes et de racines sont le cheval, le bœuf, le mouton et le porc. Les excréments de ces quatre espèces d'animaux ont une valeur différente, suivant la nourriture donnée à chacune d'elles et selon l'état de santé ou de maladie, de maigreur ou d'embonpoint des individus de chaque espèce.

Ainsi, leurs excréments sont généralement rangés dans l'ordre ascendant qui suit, eu égard au degré d'énergie qu'ils ont comme engrais :

Fiente de porc,

Bouse de vache,

Crottin de cheval et de mouton.

En effet, la nourriture ordinaire de ces deux derniers est plus substantielle, moins aqueuse que celle du bœuf et du porc, et les excréments s'en ressentent infailliblement. Pour cette même raison, toutes les parties animales, c'est-à-dire la chair, les os, le sang du porc et du bœuf sont aussi moins essentielles, et par conséquent la substance animale que ces animaux mêlent aux résidus de leur nourriture, et qui en constitue la principale valeur fertilisante, est également moins énergique.

ÉTAT DES ANIMAUX.

Mais, pour que ce raisonnement conserve toute sa force logique, il est nécessaire qu'il y ait parité entre les sujets des espèces que nous envisageons, sous le rapport de la santé et de l'embonpoint ; car les résidus de l'alimentation diffèrent considérablement de valeur, selon qu'ils proviennent d'un animal bien portant ou malade, gras ou maigre. L'animal, dans l'état de santé, fournit un engrais plus fortement animalisé que quand il languit et souffre ; l'engrais provenant d'animaux gras est chargé d'une grande

1.

quantité de parties animales de la meilleure qualité, tandis que ces substances sont faibles et presque nulles dans les déjections des animaux épuisés. Outre que les substances animales sont rares dans les engrais obtenus de sujets maigres, les résidus mêmes de la nourriture de ceux-ci semblent devoir être plus appauvris, l'activité de leur estomac étant augmentée par les besoins des différents organes.

De ces considérations découlent naturellement les conséquences que voici :

Le cultivateur qui néglige ses animaux, qui ne les nourrit pas convenablement, qui leur refuse les soins dont ils ont besoin, qui les excède de travaux, les maltraite, les amaigrit d'une façon quelconque, ce cultivateur porte à ses propres intérêts un double préjudice : d'abord il diminue le prix de ses animaux en général, et particulièrement de ceux qui, comme agents de travail, sont employés à la traction des instruments aratoires ; ensuite il nuit à la qualité des engrais qu'ils lui fournissent.

Cette dernière circonstance influera d'une manière très-fâcheuse sur les produits agricoles ; ils seront et plus rares et moins nourrissants ; les plantes fourragères, moins substantielles à cause du peu de force de l'engrais qui avait été mis à leur disposition, formeront une mauvaise nourriture pour les animaux, qui dépériront. C'est-à-dire que, sur ce point, tout se tient, s'enchaîne étroitement ; que la négligence à l'endroit des animaux entraîne le malheureux cultivateur dans un cercle fatal d'où il ne sortira plus, si ce n'est par un effort suprême, que par la porte d'une ruine certaine. Maigres animaux, mauvais fumiers; mauvais fumiers, récoltes chétives et sans qualité; plantes fourragères sans force, animaux malingres.

LITIÈRE.

La nature des végétaux qui entrent dans la composition du fumier, soit comme nourriture des animaux, soit comme litière, mérite une attention non moins sérieuse dans l'appréciation de cet engrais mixte.

Ce qui précède explique suffisamment en quel sens les plantes dont se nourrissent les animaux influent sur la qualité de l'engrais. Plus ces plantes fourragères sont substantielles, plus l'animal en profitera, plus encore il restera de force dans les déjections, abstraction faite des parties animales qui s'y mêleront, et qui seront aussi plus abondantes en proportion de la valeur nutritive des végétaux (1).

Quant à la litière, quoiqu'elle ne constitue pas la force principale des fumiers, il est évident qu'elle contribue à la fertilité du sol, suivant sa nature et

---

(1) Les chimistes ont trouvé que, sur 1,000 parties de matière sèche, les pailles suivantes contiennent l'azote dans les proportions que voici :

Paille de sarrasin.................. 6 à 8
   — de colza............................ 5 à 6
   — de froment .... 4 à 6
   — d'avoine............................ 4 à 5
   — de seigle................... .... 3 à 5
   — d'orge........ .... 3 à 4

On remarquera que la paille de colza occupe le second rang. La quantité d'azote que renferme cette paille doit faire comprendre le dommage qu'on éprouve en la brûlant, ainsi que c'est l'usage dans beaucoup de localités; car la combustion volatilise l'azote et les autres substances organiques.

sa forme. Elle concourt à la formation des plantes en raison de ses éléments constitutifs. La paille de froment, par exemple, contenant tout ce qui constitue cette partie de la plante en question, peut fournir à un germe de froment la matière nécessaire à la formation de sa paille. Il en est de même de tous les autres végétaux. Ils ajoutent d'autant plus de valeur à l'engrais proprement dit qu'ils renferment plus d'éléments propres à la végétation des plantes que le fumier doit alimenter.

La litière présente d'autres avantages dans sa forme : dure, pailleuse, résistante, elle divise les terres compactes, les rend plus accessibles aux agents atmosphériques, à la pluie, à la chaleur, à l'air, à la lumière, et favorise le développement des racines ; menue, molle et sans grande consistance, la litière procure, au contraire, à la terre légère et mouvante une humidité favorable à la végétation, en diminuant par sa nature compacte l'influence trop active de ces mêmes agents.

La puissance des engrais mixtes dépend encore, avons-nous dit, du traitement auquel on les soumet. Non pas qu'aucun traitement puisse y ajouter la moindre force ; mais celle-ci peut leur être conservée par une préparation intelligente, tandis que les différentes méthodes actuellement en usage vont directement au but contraire. C'est à cette dernière partie que nous nous sommes proposé de donner quelques développements. Mais, avant de nous occuper du traitement proprement dit des fumiers, il est nécessaire d'exposer les principes qui doivent nous guider dans cette opération. Un mot donc de la nature des engrais mixtes et de leur action dans la végétation.

NATURE DES FUMIERS ET DE LEUR ACTION DANS LA VÉGÉTATION.

Les fumiers sont composés, ainsi que nous l'avons dit, de substances animales et de détritus végétaux. Nous avons vu que ceux-ci, en se décomposant, rendent à la terre ce qu'ils lui avaient emprunté. On peut même ajouter qu'ils effectuent cette restitution avec intérêt, puisqu'ils apportent au sol, en plus, des éléments puisés dans l'atmosphère.

Les parties animales constituent la véritable force des fumiers, parce qu'elles contiennent sous un volume relativement très-petit une grande quantité d'éléments essentiels à la croissance des plantes ; mais, de toutes ces substances, il n'en est pas dont l'utilité soit plus générale et la présence plus indispensable que celle de l'azote (1).

« Pour remonter aussi haut qu'il nous soit peut-être possible de le faire vers cette cause première, dit M. Payen, il fallait rechercher si tous les végétaux contenaient cette substance dans toutes leurs parties et sous toutes les conditions de leur accrois-

---

(1) L'azote est un corps simple Il se trouve à l'état de gaz dans l'air, dont il constitue les 79 centièmes. Il entre aussi dans la composition de beaucoup de substances liquides et solides. Autrefois il était l'attribut presque exclusif des animaux, tant il est abondant dans les matières organiques animales.

sement ; c'est ce que des analyses nombreuses, pour-
suivies depuis plus de quinze années, m'ont permis
de prouver ; c'est ce que l'approbation de l'Académie
des sciences et des sociétés d'agriculture a définitive-
ment introduit au nombre des vérités incontestables.

« Ainsi donc, on doit regarder comme constant :

« Que la matière azotée préside à tous les développements des végétaux ;

« Qu'on la retrouve dans toute organisation végétale naissante, et même en proportion d'autant plus
forte, en général, que les tissus sont plus jeunes ;

« Que ces premiers développements, si faciles à
observer vers les extrémités de toutes les radicelles
appelées spongioles, offrent une composition chimique analogue à celle des organes animaux ;

« Qu'il en est de même d'une substance facile à
extraire de la séve ascendante de tous les végétaux ;

« Qu'il en est encore ainsi de la composition de la
partie centrale, la plus jeune de tous les bourgeons
à feuilles et à fleurs, où toute plante se retrouve
en miniature.

« Or, puisque les radicelles, la séve ascendante et
la partie interne des bourgeons, c'est-à-dire toutes
les parties des végétaux qui puisent le plus directement la nourriture dans le sol, puisque toutes ces
parties contiennent des principes immédiats très-
riches en azote, on est en droit d'en conclure que,
parmi les aliments que la végétation doit assimiler,
il faut bien qu'il se trouve une certaine proportion
de débris azotés.

« Si l'on ajoute que, toutes choses favorables d'ailleurs, les produits de la culture sont généralement
en rapport avec l'abondance de ces aliments azotés,
on admettra facilement l'importance des rôles qu'ils
jouent dans la fertilisation du sol.

« Enfin nous ferons concevoir d'un mot le plus
haut prix que l'on doit mettre à les recueillir et à les
utiliser, en disant que, dans la plupart des engrais
mixtes, ce sont ces substances azotées qui s'altèrent
d'abord et disparaissent en gaz et liquides nourrissants, laissant ainsi un résidu pauvre en azote, souvent abondant en matière ligneuse.

« Ajoutons que la substance ligneuse, réduite à
elle-même par les lavages et la fermentation, ainsi
que les matières purement végétales ne donnent,
pendant leur décomposition ultérieure, que des détritus et des produits non azotés, utiles à la vérité
pour compléter la nutrition végétale, mais qui ne
coûtent généralement rien, puisqu'ils se trouvent
presque partout en excès dans les chaumes, les racines et tant d'autres restes de la végétation; dans
la tourbe même : débris qui jouent le rôle d'excipient
pour l'humidité, les urines et les fientes d'animaux,
ou celui d'amendements des terres compactes, plu-
tôt qu'ils ne remplissent les fonctions de véritables
engrais, ou du moins d'aliments complets. »

De ces principes incontestables il résulte : que les
cultivateurs les plus attentifs à recueillir les engrais
en perdent au moins les deux tiers, par suite de la
méthode vicieuse généralement pratiquée. Ils en per-

dent par la fermentation et par le lavage qu'occa-
sionnent les pluies et les eaux de la ferme.

Que se passe-t-il, en effet, dans cette double opération, l'une chimique, l'autre purement mécanique?
Dans la première il s'établit une grande chaleur; l'humidité se dégage sous forme de vapeurs, et l'azote
des substances animales et végétales s'exhale à l'état
gazeux. Or, nous venons de voir que c'est précisé-
ment l'azote qui agit le plus directement, le plus
puissamment sur toutes les plantes en végétation.

Lorsque les fumiers sont exposés aux pluies et aux
inondations des eaux de la ferme, la perte n'est pas
moindre. Les eaux entraînent avec elles les parties
animales et salines qui se trouvent mêlées à la litière,
et ne laissent plus qu'un engrais végétal plus ou
moins dépourvu de substances fertilisantes, selon
que le fumier a été lavé. La force de l'engrais est en-
levée par les eaux.

Quand celles-ci sont utilisées, soit qu'elles aient
leur cours naturel sur des prés ou des champs, soit
qu'on les recueille, le mal est moins grand; mais,
quand elles s'écoulent dans les chemins, dans les
ruisseaux ou les mares; quand, en un mot, elles sont
perdues pour les cultivateurs qui n'ont pas le moindre souci de les retenir, il est permis de ne pas s'é-
tonner que l'agriculture fasse si peu de progrès, malgré le perfectionnement des procédés agricoles à
d'autres égards. La force, le nerf, le principal élément de succès de l'agriculture, tout cela s'en va
dans cette substance noirâtre qu'entraînent les eaux

de pluie ou autres, et qui va se perdre dans le courant du fleuve voisin.

C'est le récent souvenir du spectacle navrant qu'offrent, sous ce rapport, les cantons les plus avancés même du département qui me porte à publier ce travail, destiné à ne paraître que plus tard. Chargé par le comice agricole de visiter une partie des cantons de Verny et de Metz, j'ai eu occasion de voir des exploitations fort avancées sous presque tous les rapports; j'ai rencontré des fermes vraiment modèles. Les meilleurs procédés y sont en usage dans la manière d'élever, de nourrir, d'accoupler, de croiser, de loger et de soigner les animaux; dans le système des assolements et des rotations; dans les modes de labourer les champs, de les ensemencer, de faire les récoltes et d'en conserver les produits divers; dans la tenue générale de la ferme. La comptabilité même, cette boussole de l'agriculteur, ne manque pas dans quelques exploitations. Hé bien ! le croirait-on? nulle part les fumiers ne reçoivent un traitement convenable : partout, au contraire, ils sont abandonnés à eux-mêmes pour la fermentation, et exposés sans la moindre précaution à l'action funeste des pluies, de l'air, de la chaleur, du soleil et des courants d'eaux.

Est-ce donc que les cultivateurs, ceux surtout qui ont su profiter des découvertes de la science sur d'autres points, est-ce qu'ils ne comprennent pas l'importance des pertes qu'ils éprouvent en négligeant ainsi leurs fumiers? On serait tenté de le croire,

et pourtant il n'en est rien : tous reconnaissent l'étendue du dommage qui résulte pour eux de ces émanations gazeuses et de ces fréquentes inondations de leurs fumiers. C'est donc moins le désir de remédier à un mal réel, immense, que la connaissance d'un moyen d'y arriver qui manque généralement. Ce moyen, nous allons l'indiquer, dans l'espoir d'être aussi agréable aux cultivateurs qu'utile à l'agriculture, et par elle à la société.

TRAITEMENT DES FUMIERS.

Pour donner un traité complet sur la manière de préparer les fumiers, il faudrait commencer par les écuries et finir dans les champs. Les fumiers prennent naissance sous les pieds des animaux dans les étables, et leur rôle se termine au sein de la terre, dans cet admirable et mystérieux travail de la végétation. Là ces matières, si repoussantes dans leurs formes et par les émanations qui s'en échappent, soit au sortir des écuries, soit dans les fosses à fumiers, là elles se convertissent en gaz, en sels, en vingt éléments divers, pour se transformer en herbes, en fleurs, en fruits, en tous ces trésors que la nature prodigue à chacun de nos sens. Quand on songe que ce tapis de verdure émaillé de fleurs qui flatte si agréablement nos yeux au printemps est tissu de fils empruntés au fumier ; quand on considère que le lait de nos vaches, le miel de nos abeilles, les fruits savoureux de nos jardins, les récoltes de nos champs n'ont pas d'autre source, ces matières répugnent moins et on voudrait les étudier à fond presque par reconnaissance.

Nous bornerons pourtant notre examen aux soins qu'exigent les fumiers dans les fosses. Quoique la manière de disposer les écuries, d'employer la litière et de traiter le fumier au début de sa fabrication soit loin d'être indifférente, nous la négligerons ici ; le proverbe dit : *Qui trop embrasse mal étreint*, et nous tenons à concentrer l'attention du lecteur sur un seul point, le plus important dans la question après tout. Bien compris, bien exécuté surtout, le traitement des fumiers que nous allons indiquer rendra d'ailleurs inutiles la plupart des précautions qu'il est indispensable de prendre avec les systèmes actuellement en vigueur.

Rappelons en deux mots les principes qui devront nous guider :

Les fumiers ont besoin, pour acquérir toute leur valeur, d'être soumis à une certaine fermentation ;

La fermentation n'a pas lieu dans l'eau ;

L'excès de chaleur est nuisible aux fumiers à cause du développement des gaz qui en résulte, gaz qui se perdent dans l'atmosphère ;

La fermentation est activée par l'air et la chaleur extérieure ;

Un tassement convenable garantit les fumiers contre ces deux agents ;

Enfin les eaux de pluie et autres enlèvent aux fumiers les parties les plus utiles à l'agriculture, perte qu'il faut éviter en recueillant ces eaux fertilisantes, soit pour les ramener sur le fumier, soit pour les employer directement à la fertilisation du sol.

Pour obvier à quelques-uns des inconvénients attachés au traitement en usage, les agronomes conseillent d'abriter les fumiers par des arbres plantés autour de la fosse ; de les arroser abondamment, et de les enterrer par un labour aussitôt qu'ils sont transportés dans les champs. D'autres vont jusqu'à vouloir qu'on établisse les places à fumier sous des hangars...

Toutes ces précautions indiquent de la part de ceux qui les prescrivent ou les pratiquent la conviction que nous avons nous-même, touchant les pertes éprouvées par les fumiers exposés à l'action de l'air, des pluies, de la chaleur extérieure, et abandonnés à une fermentation excessive ; mais elles sont insuffisantes à empêcher ces pertes, qui sont immenses, incalculables. En effet, un certain degré de fermentation est nécessaire au fumier pour qu'il développe ses principes fertilisants ; or, la moindre chaleur suffit pour volatiliser l'ammoniaque (1) que les fumiers contiennent à l'état de carbonate, et dont un des éléments, le plus utile aux plantes, est l'azote. Cette découverte est une des plus précieuses conquêtes de la science dans ces derniers temps. Comment concilier ensemble, dans le traitement des fumiers,

---

(1) L'ammoniaque est formée d'hydrogène et d'azote ; en se combinant avec l'acide carbonique, elle produit le carbonate d'ammoniaque : c'est ce qui a lieu dans les fumiers dont les pailles dégagent beaucoup d'acide carbonique, en même temps que se développe l'ammoniaque.

les exigences de ceux-ci qui ont besoin de fermentation et l'intérêt de l'agriculture qui en souffre ?

M. Schattenmann répond à cette question dans les lignes suivantes : « Il est généralement reconnu aujourd'hui que l'ammoniaque que développe le fumier en est la partie la plus énergique ; il l'est également que cette ammoniaque est, en état de carbonate, volatile de sa nature, et qu'elle se perd par évaporation lorsque le fumier est exposé à l'action de l'air et du soleil. Il résulte de ces faits incontestables que, si le fumier doit conserver son énergie, il est indispensable de convertir le carbonate d'ammoniaque volatil qu'il contient en sulfate d'ammoniaque, qui résiste à l'action de l'air et de la chaleur. »

On arrive à ce résultat en mettant le carbonate d'ammoniaque en contact avec du sulfate de fer (couperose verte), de l'acide sulfurique (huile de vitriol), ou simplement du plâtre (sulfate de chaux) en poudre. Il est bien entendu que cela peut se faire et se fait réellement de différentes manières ; la méthode la plus facile, comme la plus satisfaisante sous le rapport de l'effet qu'on se propose, nous paraît être celle qui va être décrite.

Avant de nous occuper de l'application du procédé en question, il est bon de connaître les constructions et les appareils dont on fait usage dans ce système. Ces dispositions sont combinées de manière à concourir au même but, à la conservation des substances fertilisantes contenues dans le fumier.

La *fig. 1* représente une place à fumier à deux compartiments. Elle est entourée d'un mur en maçon-

b Pente de 2 cent. par m. *h*   f Pente de 2 cent. par m. *c*

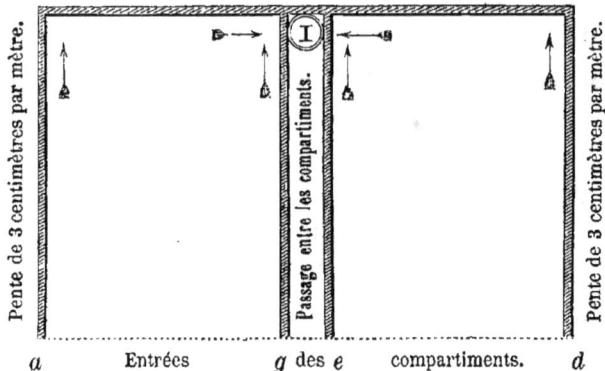

Pente de 3 centimètres par mètre.

Passage entre les compartiments.

I

Pente de 3 centimètres par mètre.

a   Entrées   *g* des *e*   compartiments.   *d*

Fig. 1.

nerie (*a b c d*); les compartiments (*a b h g* et *e f c d*)

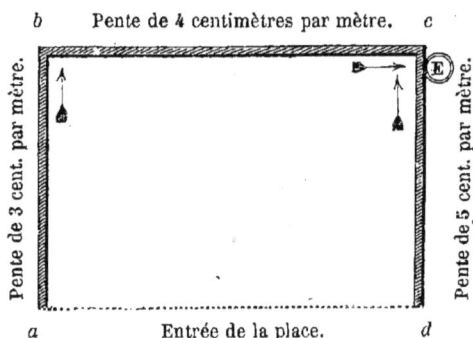

b   Pente de 4 centimètres par mètre.   c

Pente de 3 cent. par mètre.

E

Pente de 5 cent. par mètre.

a   Entrée de la place.   *d*

Fig. 2.

sont séparés par un espace (*g h f e*) bordé de cha- que côté par un mur semblable; au fond de ce pas- sage se trouve un réservoir (*i*); l'entrée (ligne *a g e h*) est à fleur du sol ou à peu près. Les *fig. 2* et *3* représentent des places simples également garnies de murs et pourvues d'un réservoir (*e*).

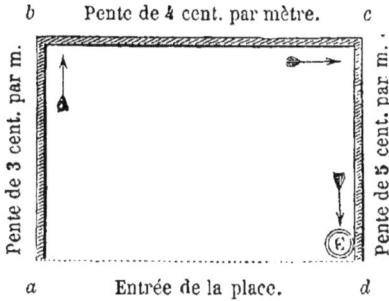

b   Pente de 4 cent. par mètre.   *c*

Pente de 3 cent. par m.

Pente de 5 cent. par m.

a   Entrée de la place.   *d*

Fig. 3.

Ce réservoir pourrait, à la rigueur, être établi au milieu de la place à fumier; dans ce cas, la place devrait être creusée de façon à réunir le purin sur ce point, et le réservoir serait couvert de madriers de chêne mal joints pour laisser pénétrer le liquide ; mais cette disposition n'est pas avantageuse, le fumier fait devient imperméable, et la fosse à purin est à peu près inaccessible.

Au lieu de murs, on peut se borner à de simples levées de terre de quelques centimètres de hauteur. Les murs qui bordent le passage entre les deux compartiments de la place double peuvent être supprimés généralement, et remplacés par des levées de terre ou de gravier : l'important est que les fumiers soient à l'abri des inondations.

Les places à compartiments sont très-avantageuses ; ces divisions permettent de faire fermenter séparément les différentes espèces de fumiers, si la nature des terres ou celle des plantes cultivées l'exige, et, en tout cas, elles facilitent l'enlèvement du fumier à mesure qu'il est fait à point, sans entamer les tas dont la fermentation n'est pas arrivée au degré voulu.

Ces compartiments, de même que les places simples, peuvent être établis encore sur des plates-formes bombées, entourées de rigoles s'inclinant vers le réservoir. Le purin découle du fumier sur la plate-forme, et de là dans les rigoles, qui l'amènent dans le réservoir.

Les places à fumier bombées ou convexes présentent la forme que l'on donne généralement aux routes. Elles sont assez élevées au milieu pour que le purin s'écoule facilement de chaque côté (1).

Pour éviter la perte du purin par infiltration, le fond de la place doit être imperméable, qualité qui s'obtient par le tassement du sol et par la substitution d'une couche de terre glaise à celle de l'emplacement, quand cette dernière n'a pas la consistance nécessaire. Un pavé établi sur ce fond obvie à un autre inconvénient, à celui d'enlever une partie du fond chaque fois qu'on vide la place, et d'être obligé d'en recommencer la construction au bout de quelques années. Le réservoir ou la fosse à purin peut être en pierres de taille, en maçonnerie cimentée, ou simplement un tonneau enterré à fleur de terre.

---

(1) On a imaginé différentes autres dispositions ; mais les unes sont trop compliquées et trop chères à établir, au moins dans l'état actuel du progrès agricole en France ; les autres ne peuvent convenir que dans des circonstances particulières : d'ailleurs l'expérience, cette pierre de touche de l'agriculture, n'a encore consacré ni les unes ni les autres. Nous n'en parlerons point.

Chaque cultivateur adopte les dispositions qui conviennent le mieux à son emplacement. Il les modifie suivant ses convenances particulières. Qu'importent ici les moyens employés, pourvu que le but soit atteint ? Or, le but que l'on se propose dans l'établissement d'une place à fumier, c'est d'obtenir un engrais énergique, d'en conserver le jus ou purin, de pouvoir disposer de l'un et de l'autre selon les besoins de la culture, et de n'être gêné, ni pour l'entassement, ni pour l'arrosage, ni pour l'enlèvement. Tout est au mieux quand à ces conditions on peut joindre les autres avantages, tels que ceux-ci :

Eloignement du corps de logis ;

Abritement contre les ardeurs du soleil de midi, et l'action des vents dominants de la contrée ;

Proximité des écuries ;

Economie de construction.

Une pompe et un tonneau d'arrosage sont des accessoires très-utiles, mais non indispensables de la place à fumier et de la fosse ou du réservoir à purin. La pompe se place dans le réservoir même ; elle sert à ramener le purin sur le tas de fumier pour en modérer la fermentation, ou à l'élever dans le tonneau d'arrosage. Dans les petites exploitations, une escope ou un petit baquet fixé au bout d'un manche, peut remplacer la pompe pour ce double usage. L'emploi de la pompe demande une disposition particulière, afin d'en prévenir l'obstruction. Dans ce but, on divise le réservoir en deux parties inégales. La pompe est placée dans la plus petite de ces divi-

2

sions; l'autre reçoit le purin tel qu'il arrive par les rigoles, avec la menue paille et les autres corps étrangers qu'il entraîne. Entre les deux compartiments, on fixe verticalement un grillage destiné à filtrer le purin avant qu'il arrive à la pompe. Ce grillage peut également être placé horizontalement sur le réservoir ; il arrêterait ainsi à l'entrée les corps qui pourraient engorger le tuyau de la pompe.

Pour distribuer le purin sur un tas de fumier un peu étendu, soit à la pompe, soit à l'escope, on a recours à des rigoles mobiles placées sur des chevalets. Les rigoles les plus simples sont faites de deux planches réunies en forme de noue, et les chevalets sont formés de deux jambes de bois disposées en X. Un conduit de toile, de cuir ou de caoutchouc, adapté au déversoir de la pompe, est préférable sous le rapport de la commodité, sinon sous celui de l'économie.

Le tonneau d'arrosage sert à transporter et à répandre le purin sur les prés et les champs, à titre d'engrais liquide. C'est un tonneau ordinaire, à bonde large et carrée, monté sur roues, et muni, à l'arrière, d'un tuyau d'épandage comme ceux qui servent à l'arrosement dans les villes. Dans les tonneaux à purin le tube d'épandage peut être remplacé avantageusement, soit par une planche sur laquelle le jet de purin vient se briser, soit par une caisse en bois, à fond percé de trous, dans laquelle le liquide tombe en sortant du tonneau ; car, malgré les précautions, les tubes d'arrosage sont sujets à s'engorger, et l'épandage se fait assez également au moyen de la planche ou de la caisse.

On se sert de ce tonneau pour arroser les prairies et les champs non ensemencés; mais, lorsqu'il s'agit de distribuer le purin sur une étendue moindre ou de l'appliquer aux plantes mêmes, on emploie une sorte de tonneau portatif ou de hotte en bois qui rappelle la fontaine du marchand de coco. A cet arrosoir à purin est adapté un conduit flexible (de cuir, de toile ou mieux de caoutchouc) muni d'un robinet ou d'une soupape, que l'ouvrier ouvre ou ferme à volonté.

Tous ces moyens sont fort simples, on le voit. Chacun en trouvera d'autres, quand il y réfléchira sérieusement, qui seront aussi simples et plus applicables, peut-être, dans sa position. Ce qui manque, ce ne sont donc, ni la manière d'obtenir de bons fumiers, ni les moyens de recueillir et d'utiliser le purin; ce qui manque généralement, c'est un bon système de culture d'abord, et puis la bonne volonté. Que le cultivateur consacre aux plantes fourragères la moitié au moins de ses terres cultivables, ce qui diminuera ses frais de culture, tout en doublant ses revenus par le bétail qu'il nourrira et la quantité d'engrais qu'il obtiendra. Qu'il veuille ensuite profiter des indications de la science, et nous le verrons prendre confiance en ses propres forces, et marcher d'un pas assuré vers le progrès agricole. *Aide-toi, et le Ciel t'aidera !*

Les places à fumier ont 3 centimètres par mètre de pente de l'entrée au fond, dans la partie opposée à la fosse à purin. Les numéros 1 et 2 en ont 2 par mètre le long du mur de fond, dans la direction du réservoir. La pente est de 4 centimètres par mètre dans le n° 3, en suivant la même direction. Elle est de 5 centimètres par mètre de l'angle opposé à la fosse à purin jusqu'à cette même fosse, c'est-à-dire de g et e à i pour le n° 1, de d à c pour le n° 2, et de c à d pour le n° 3.

L'entrée des places ne doit s'élever au-dessus du sol qu'autant que cela est nécessaire pour préserver les fumiers et la fosse à purin de l'envahissement des eaux étrangères. Un exhaussement plus considérable rendrait difficile la sortie des voitures chargées de fumier.

Maintenant que nous avons examiné en détail la place destinée à recevoir le fumier, le réservoir où doit aboutir le purin, et les appareils servant à puiser et à transporter au besoin ce précieux liquide, il nous reste à faire connaître la manière de se servir du tout avec le plus d'avantage. Il est bien entendu que la fosse à purin doit être fermée de manière à la défendre contre les eaux étrangères. On peut y conduire les urines des écuries et des étables par des rigoles couvertes.

Et d'abord, le fumier se place à 30 ou 40 centimètres des murs de revêtement, de manière à laisser un passage au purin qui sort du fumier. Ce dernier est égalisé tout autour, de façon à laisser pénétrer le moins d'air possible dans le tas ; ce qui se fait en relevant au bord chaque couche de fumier

long, et en donnant quelques coups de pelle ou
de palé sur celui qui ne se prête point à cet arrangement. Le tas doit être chargé et tassé partout le plus
également possible chaque fois qu'on sort le fumier
des écuries : le tassement est une des conditions
de succès dans la fabrication des fumiers (1).

Ainsi entassé, le fumier entre moins vite en fermentation ; mais celle-ci, qui est d'ailleurs fort utile,
pour se déclarer plus tard, n'en est pas moins funeste
lorsqu'elle développe un certain degré de chaleur, et
il est de la plus haute importance de pouvoir la modérer, comme aussi de savoir retenir les gaz déve-
loppés par une chaleur moindre. Ce double résultat
s'obtient au moyen de la pompe jouant à propos,
et ramenant sur le fumier des eaux convenablement
préparées.

Il est impossible de dire au bout de combien de
jours un tas de fumier doit être arrosé ; cela dépend
d'une appréciation locale déterminée par des circonstances qui ne peuvent être prévues. Le fumier de
cheval s'échauffe plus vite et plus fortement que le
fumier de vache ; l'un et l'autre sont plus ou moins
prompts à entrer en fermentation, selon la litière et
la nourriture des animaux. Cinquante autres circonstances activent ou ralentissent la chaleur des fumiers

---

(1) L'oxygène de l'air est le principal agent de la fermentation.
Le tassement empêche l'air de se renouveler, et par là diminue la
quantité d'oxygène. C'est pour la même raison que le fumier ne
fermente pas dans l'eau, et que tous les procédés de conservation
des substances fermentescibles ont pour but de les soustraire le
plus possible à l'action de l'air.

2.

en décomposition. L'agriculteur habitué à observer ne s'y trompera guère.

Quant à la préparation du purin, ou, à défaut de purin, de l'eau ordinaire, tout le secret consiste à les saturer de sulfate de fer dans la fosse. L'excès de sulfate de fer dans les eaux n'est pas à craindre ; l'on s'assure qu'elles en contiennent la quantité nécessaire au moyen d'une feuille de papier bleu de tournesol trempée dans le purin ou l'eau saturée : la couleur brunira lorsque les propriétés alcalines domineront dans le liquide (1).

On peut aussi employer l'acide sulfurique, mais cette substance est d'un prix plus élevé que le sulfate de fer, et elle exige dans l'emploi quelques précautions que les ouvriers négligeraient fort souvent. Chacun de ces motifs suffit pour expliquer la préférence que nous accordons au sulfate de fer.

Le sulfate de chaux (plâtre), n'étant que faiblement soluble dans l'eau, ne peut être employé de la même manière. Il faudrait, pour obtenir des résultats analogues, en mettre une grande quantité sur chaque couche de fumier et dans la fosse à purin. Encore l'effet serait-il moins complet.

---

(1) Le papier bleu de tournesol se trouve chez les pharmaciens. Cette teinture s'appelle *bleu de tournesol* parce que la graine de cette plante en fournit la base.

Pour connaître la force du purin, on se sert d'une espèce de pèse-liqueur ou *aréomètre*. Celui de Baumé est le plus généralement employé ; mais l'expérience et un peu d'attention dispensent de l'emploi de ces moyens de vérification. Au surplus, nous l'avons dit, un excès de sulfate de fer n'est pas nuisible. La force du purin ne nuirait non plus que lorsqu'il serait appliqué aux plantes. Il produirait l'effet des fientes d'oies sur l'herbe : le purin trop fort brûlerait la plante. On l'étend d'eau pour en diminuer la force.

La chaux, dont l'emploi est conseillé par quelques auteurs, irait directement contre le but qu'on se proposerait : elle activerait la fermentation et augmenterait la perte de l'azote. Dans les composts, l'inconvénient est un peu moindre, parce que le carbonate d'ammoniaque y est retenu en partie par la terre mêlée aux autres substances.

Le liquide ainsi préparé, étant ramené sur le fumier, s'infiltre dans le tas et convertit le carbonate d'ammoniaque en sulfate d'ammoniaque (1) à mesure qu'il est dégagé par la fermentation. Tant que dure cette dernière, les fumiers absorbent une quantité considérable d'eau ; lorsqu'ils sont entièrement faits, celle-ci n'y pénètre plus, mais reste à la surface ou découle du tas : c'est le moment de s'en servir pour les terres ou les plantes qui demandent un engrais consommé.

---

(1) Voici ce qui se passe dans ce cas :

L'ammoniaque abandonne l'acide carbonique pour s'unir à l'acide sulfurique pur ou en combinaison dans la couperose et le plâtre ; quand on emploie le sulfate de chaux (plâtre), l'acide carbonique, mis en liberté par l'abandon de l'ammoniaque, s'unit à la chaux également devenue libre, et produit du carbonate de chaux (pierre à chaux ou calcaire). Ces changements de formes et de propriétés sont très-communs dans la nature. L'eau, par exemple, est formée d'hydrogène et d'oxygène, deux gaz dont l'un brûle et l'autre est indispensable à la combustion ; l'eau ne brûle pas et éteint le feu.

Autre exemple :

Le sel de cuisine, cet utile et agréable condiment, est une combinaison de chlore et de sodium ; le chlore est un gaz suffoquant, empoisonnant à une forte dose ; le sodium est un métal qui brûle au contact de l'eau.....

Le règne végétal lui-même n'est pas autre chose que le résultat de combinaisons variées à l'infini entre cinq à six éléments. Toutes les plantes, toutes les fleurs, tous les fruits, sont formés de carbone, d'hydrogène, d'oxygène, d'azote, d'un peu de potasse, de soufre, de chaux ou de silice.

Lorsqu'on veut faire usage du purin comme engrais liquide, on l'élève dans le tonneau d'arrosage au moyen de la pompe, en le faisant passer par une cuve de filtration. Cette cuve est un cuveau ordinaire, ayant un double fond placé à mi-hauteur et percé de trous. Sur ce fond on pose une couche de paille recouverte elle-même d'un fond mobile et pareillement percé de trous à des distances rapprochées. Les eaux, en passant à travers la couche de paille, se clarifient et leur épandage sur les terres ou les prés se fait facilement et d'une manière égale par le tube d'arrosage adapté au tonneau.

En plaçant cette cuve à une hauteur convenable au moyen d'un échafaudage fort simple, le purin filtré peut être conduit directement dans le tonneau d'arrosage.

Est-il nécessaire d'insister sur l'utilité du traitement des fumiers que nous venons d'indiquer ? Qui n'en comprend d'abord les avantages évidents ? D'une part, plus de perte d'engrais par éparpillement, puisque des murs garantissent le fumier contre les atteintes des animaux ; le purin utilisé : de l'autre, conservation de tous les principes fertilisants qui s'évaporaient jusqu'à présent au grand détriment du cultivateur : en un mot, un fumier abondant et énergique au lieu d'un fumier rare et affaibli : voilà les avantages de la méthode que nous cherchons à propager. Cette méthode n'est d'ailleurs nouvelle que pour nous ; en Suisse, en Allemagne, en Angleterre, dans quelques départements de la France, partout

où l'agriculture est en progrès, les fumiers et le
purin sont traités avec les soins que nous recom-
mandons. La supériorité de l'agriculture allemande
et anglaise n'a pas d'autre source qu'un traitement
intelligent des fumiers. Les Suisses ont trouvé dans
l'art de préparer les engrais liquides une richesse
agricole que la nature semblait leur avoir refusée.
Le purin n'est plus pour eux un engrais d'un effet
passager; ils possèdent depuis longtemps le secret
que je viens de révéler au lecteur, d'en faire durer
l'action pendant deux et trois ans.

Dans les contrées où l'agriculture se trouve dans
des conditions différentes de celles de la Suisse, il
pourra n'être point avantageux d'employer le purin
comme engrais liquide; mais il y a avantage partout,
un avantage immense à recueillir le purin et à lui
conserver toute sa force. Où il y a inconvénient à
l'utiliser liquide, on le fait absorber par le fumier,
concentrant ainsi dans ce dernier toute l'énergie fertilisante.

Nous ne nous arrêterons point à prévoir, pour les
discuter et pour les réfuter, une foule d'objections
que la routine obstinée ne manquera pas de nous
opposer. Ces pages s'adressent aux gens éclairés et
de bonne foi. Ceux-là profiteront, nous en avons
l'intime conviction, des indications qui précèdent.
Messieurs les instituteurs s'empresseront de les
mettre à la portée des intelligences les moins favo-
risées par la nature et l'instruction. Avec leur géné-
reux concours, nous pouvons espérer que ce faible
travail produira beaucoup de bien.

MANIÈRE DE TRAITER

LES

MATIÈRES FÉCALES.

L'agriculteur qui suivra nos indications dans l'établissement de sa place à fumier et de sa fosse à purin ; qui conservera aux engrais provenant de ses écuries toute leur énergie au moyen des procédés mis à sa portée par les découvertes de la science, et qui saura approprier cet aliment des plantes à la nature de ses terres comme aux besoins des récoltes qu'il veut obtenir ; cet agriculteur aura fait un pas de géant dans la voie du progrès agricole : il ne lui restera, pour arriver à la perfection de l'art, qu'à faire emploi des engrais négligés par l'agriculture.

Telles sont, par exemple, les substances animales suivantes : la chair musculaire, le sang, les os, les cornes, le poil des animaux (1), les poissons, les excréments solides et liquides de tous les animaux et des oiseaux.

L'emploi de ces engrais exige quelques précautions, en raison de leur excessive énergie ; mais ils agissent avec une telle puissance sur la végétation que la peine est amplement payée. Les paysans de la Hongrie et de la Carinthie ne reculent point devant la peine

---

(1) En Chine, tout le monde se fait raser la tête tous les dix jours, et les cheveux provenant de ces coupes régulières sont livrés à l'agriculture pour servir d'engrais.

pour se procurer des mouches de marais; ils en ramassent quelquefois, en une seule année, jusqu'à trente charretées.

On néglige également beaucoup de substances végétales, qui fournissent d'excellents engrais dans maintes circonstances. Je ne citerai que la tourbe, les tourteaux de graines oléagineuses, la sciure de bois et les résidus des distilleries pour fruits à noyaux et à pépins.

Quant aux amendements et aux stimulants, ils sont entièrement oubliés. La marne et la chaux, presque partout à la portée de toutes les bourses, sont négligées, les cendres sont jetées; nous nous privons volontairement du secours d'une foule d'autres substances; le plâtre seul reçoit partiellement une destination convenable.

Mais il est un engrais dont la perte est plus regrettable encore : je veux parler des matières fécales. On ne se rend pas compte de l'importance des excréments humains comme engrais; sans quoi ils ne seraient point oubliés par l'agriculture.

Les excréments solides et liquides d'un homme peuvent être évalués à 800 grammes par jour, soit 292 kilogrammes par an. Ils contiennent trois pour cent d'azote, ou 8 kilogrammes 76 grammes par an, quantité suffisante, suivant M. Boussingault, pour alimenter la végétation de 400 kilogrammes de froment, de seigle ou d'avoine, et de 450 kilogrammes d'orge. Autrement dit, les excréments d'un homme, pendant une année, peuvent fertiliser 20 à 25 ares de terrain et en assurer un produit abondant. Que l'on calcule, d'après ces données positives, l'immensité des pertes éprouvées par l'agriculture là où les matières fécales sont négligées, c'est-à-dire presque partout en France. En Chine, où les fumiers sont rares et peu recherchés, l'agriculture trouve depuis quatre mille ans, dans les excréments humains, recueillis avec le plus grand soin et traités avec intelligence, les ressources nécessaires pour se maintenir au haut degré de perfection qui lui permet de faire vivre la population nombreuse de ce vaste empire.

Chez nous, il n'est pas fait usage de ces matières précieuses, parce qu'elles répandent une odeur infecte dont le principe est contraire à tous les êtres vivants, animaux et plantes, et qui nous répugne pour cette raison. Cette odeur désagréable, insupportable à un certain degré d'intensité, provient du carbonate d'ammoniaque et du gaz hydrogène sulfuré qui s'échappent des excréments. Mais nous avons dit que la volatilisation du carbonate d'ammoniaque peut être neutralisée par l'emploi du sulfate de fer. Cet effet est dû à l'acide de ce sel qui, en saturant l'ammoniaque, convertit le carbonate volatil en sulfate fixe. D'un autre côté, la base de ce même sel, le fer, en se combinant avec le soufre contenu dans les excréments, produit du sulfure de fer et empêche la formation du gaz hydrogène sulfuré. Cette double combinaison ou transformation enlève aux matières fécales ce que leur conservation et leur emploi offraient de nuisible et de répugnant, en même temps qu'elle tend à en conserver toute l'énergie comme engrais.

Les Chinois mêlent de la terre glaise aux matières fécales, de manière à en faire une pâte consistante; de cette pâte ils font des mottes, qui sont séchées, puis pulvérisées et répandues sur les terres en culture. Pour les terres où manque le calcaire et les plantes qui en ont besoin, on pourrait employer du plâtre calciné en poudre et du poussier de charbon pour faire des mottes semblables.

Une disposition des fosses d'aisances aussi simple que facile à introduire aplanit, d'ailleurs, les difficultés d'exécution. On adapte aux latrines un baquet en bois de chêne; ce baquet, mobile et disposé de manière à être enlevé facilement, est au tiers rempli d'eau, dans laquelle on a fait dissoudre une quantité suffisante de sulfate de fer. La vidange du baquet se fait soit sur le fumier, dont on augmenterait considérablement la force, soit dans la fosse à purin, où l'effet serait le même, soit enfin dans le tonneau d'arrosage, au moyen duquel les matières fécales, convenablement étendues d'eau pour en réduire la force, peuvent être conduites directement sur les terres ou les prés.

Ces indications sommaires suffiront à qui cherche la voie du progrès. C'est à MM. les instituteurs d'y entrer les premiers; qu'ils établissent ce système de lieux d'aisances dans la maison d'école; que ceux qui n'ont pas de terre où ils puissent utiliser les matières fécales de l'établissement, en louent de

3

mauvaises à cette fin; elles leur coûteront peu, et à l'aide de l'engrais énergique qu'ils emploieront, ces terres seront d'un excellent rapport. Un instituteur d'une commune de cinq cents âmes trouverait sans peine dans ce procédé le moyen d'augmenter ses revenus de deux cents francs par an. *Deux cents francs par an !* Il me semble que, dans la modeste position d'un instituteur de village, une pareille recette mérite d'être remarquée et pour le moins mise à l'essai. Je n'en demande pas davantage.

Leur intérêt personnel n'est, d'ailleurs, pas le seul motif qui doive inspirer les instituteurs : placés au milieu de populations qui se méfient des théories nouvelles, mais qui se rendent avec empressement à l'évidence des faits à leur portée, ils sont appelés à déterminer une révolution complète en agriculture, en provoquant, par leur exemple plus que par des paroles, l'emploi des matières fécales. Par là ils ajouteront un nouveau titre à leurs droits à la reconnaissance publique.

TABLE DES MATIÈRES.

LIBRAIRIE CENTRALE D'AGRICULTURE

ET DE

JARDINAGE.

Auguste GOIN, Editeur, quai des Augustins, 41, Paris

—◆—

CATALOGUE.

———

DIVISION DU CATALOGUE.

———

AOUT 1859.

NOTA. — Par suite de la nouvelle loi sur les imprimés, en vigueur depuis le 1er août 1856, les ouvrages composant le présent Catalogue peuvent être expédiés *franc de port* par la poste et sans augmentation des prix marqués. Pour jouir de cet avantage, il suffit de joindre à la demande un bon de poste ou des cachets d'affranchissement à 20 c. pour la valeur des ouvrages demandés. Lorsque les ouvrages seront pris au bureau, il sera fait une remise de 10 pour 100. — Les commandes de 20 à 30 fr. seront expédiées *franc de port* jusqu'aux bureau et station des Chemins de fer, des Messageries générales et impériales les plus rapprochés de la résidence des demandeurs. — En outre de l'envoi *franc de port*, les commandes de 31 à 50 fr. jouiront de la remise de 5 pour 100, et il sera fait une remise de 10 pour 100 sur celles de 51 à 100 fr. — Je me charge aussi de fournir aux mêmes conditions tous les ouvrages qui me seront demandés. — Je viens de publier un Catalogue d'ouvrages anciens et modernes, neufs ou d'occasion, d'Agriculture et de Jardinage, qui sera envoyé à toutes les personnes qui en feront la demande par lettres affranchies.

L'AGRICULTEUR PRATICIEN

REVUE DE

L'AGRICULTURE FRANÇAISE ET ÉTRANGÈRE

Culture des terres et des forêts, — Assainissement, — Irrigations, — Engrais et amendements, — Arts agricoles, — Economie et médecine rurales, — Actes officiels, — Faits divers, — Sciences appliquées, — Revue commerciale ;

Publié avec la collaboration
des Agriculteurs et Agronomes les plus distingués de la France
et de l'étranger.

NOUVELLE SÉRIE. — 6e ANNÉE.

L'*Agriculteur praticien* paraît le 10 et le 25 de chaque mois, par livraisons de 24 pages ornées de gravures dans le texte. Les abonnements datent du 1er octobre de chaque année.

PRIX DE L'ABONNEMENT POUR L'ANNÉE.

Paris et les départements.	6 fr.	» c.
Piémont et Savoie.	6	50
Belgique, Espagne, Portugal, Suisse et Colonies.	7	50

L'HORTICULTEUR PRATICIEN

REVUE DE

L'HORTICULTURE FRANÇAISE ET ÉTRANGÈRE

Publiée avec le concours des Amateurs, des Horticulteurs et des
Présidents de Sociétés d'horticulture de France et de l'étranger,

Sous la direction

DE M. N. FUNCK

Sous-Directeur du Jardin royal d'Horticulture de Bruxelles.

3e ANNÉE.

L'*Horticulteur praticien* paraît le 1er de chaque mois, par livraisons de 24 pages de texte accompagnées de deux planches coloriées. — Les abonnements datent du 1er janvier de chaque année.

MODE D'ABONNEMENT A CES DEUX JOURNAUX.

1o Envoyer **sans affranchir** un bon de poste ou un mandat à vue, sur Paris et sur **papier timbré**, à l'ordre de M. Ate Goin, éditeur, quai des Grands-Augustins, 41 ;

2o S'adresser à tous les libraires de France et de l'étranger, et aux bureaux des Messageries générales et impériales.

Bibliothèque de l'Agriculteur praticien.

Abeilles *(De l'éducation des)*, ou *Apiculture*, par P. Joigneaux. 1 vol. in-18.   1 25
Abeilles. Leur éducation, par A. Espanet. In-18.   40 c.
Abeilles *(Guide de l'éleveur d')*, par de Frarière. In-18, fig. 75 c.
Agriculteur praticien *(L')*, *Revue de l'agriculture française et étrangère)*, 6ᵉ année. Prix de l'abonnement.   6 fr.
Les années 1 à 5, ensemble.   27 50
Chaque année séparément.   6 fr.
Agriculture. Quelques observations pratiques, par Bodin. In-18. 15 c.
Alcoolisation générale *(Traité complet d')*. Guide du fabricant d'alcools, etc., etc., par N. Basset. 1 vol. in-18, 2ᵉ édit.   6 »
Almanach de l'Agriculteur praticien pour 1859. 1 vol. 3ᵉ année. in-18 avec de nombreuses fig.   50 c.
Les années 1857 et 1858, chaque.   50 c.
Amendements et Engrais *(Petit Traité des)*, par P.-A. de Thier. 1 vol. in-18, complété avec des notes extraites de l'*Agriculteur praticien. (Sous presse.)*
Amendements et Prairies. Extrait des œuvres de J. Bujault. In-18. 60 c.
Bétail en ferme *(Du)*, extrait des œuvres de J. Bujault. In-18. 60 c.
Betterave *(Traité pratique de la culture et de l'alcoolisation de la)*, par N. Basset. 1 vol. in-18, 2ᵉ éd.   2 fr.
Cailles, Faisans et Perdrix, par Allary *(2ᵉ édition sous presse)*.
Céréales *(Etudes comparées sur la culture des)*, des plantes fourragères et des plantes industrielles, par Isidore Pierre. 1 vol. in-18. 2 50
Chaux, Marne et Calcaires coquilliers. Leur emploi pour l'amendement du sol, par Isidore Pierre. In-18. 2ᵉ édition.   50 c.
Culture *(De la Petite)*, en faveur des petits propriétaires, ou moyens faciles d'augmenter le rendement des terres de labour et de jardin, par A. Espanet. 1 vol. in-18.   1 fr.
Dindons et Pintades *(Guide de l'éleveur de)*, par Mariot-Didieux. 1 vol. in-18.   75 c.
Drainage. L'art de tracer et d'établir les drains, par Grandvoinnet. 1 vol. in-18 avec 160 figures.   3 fr.
Drainage. Résumé d'un cours pour les cultivateurs, par Hernoux, ingénieur. In-18, fig.   1 fr.
Engrais en général, *(Des)* suivi de la manière de traiter les matières fécales, par Greff. 2ᵉ éd. in-18. Fig.   50 c.
Fourrages *(Recherches sur la valeur nutritive des)*, par Isidore Pierre. 1 vol. in-18, 2ᵉ édit.   2 fr.
Fumier *(Plâtrage et sulfatage du)* et désinfection des vidanges, par Isidore Pierre. In-18. 2ᵉ édit.   50 c.
Fumiers couverts *(Les)*, ou Méthode pour traiter les engrais de ferme, par le baron E. Peers. In-18 avec 1 pl.   60 c.
Fumier de ferme *(Le)* élevé à sa plus haute puissance de fertilisation et n'étant plus insalubre, par Quenard. In-18, 2ᵉ édit.   1 25
Guano du Pérou *(Le)*, composition, falsification, emploi et effets de cet engrais.   30 c.
Irrigation *(Manuel d')*, par Deby. In-18 avec 100 fig.   1 50
Irrigations *(Petit Traité des)*, par James Donald, traduit par A. de Frarière. In-18 avec fig.   50 c.
Laiterie *(La)*, suivie de la fabrication des fromages, par A. de Thier. 1 vol. in-18 avec figures.   75 c.

Lapin domestique (*Traité pratique de l'éducation du*), par le F. Alexis ESPANET, 3ᵉ édit. 1 vol. in-18.   1 fr.

Maïs (*Du*), de sa culture et des divers emplois dont il est susceptible, par KEENE et A. DE THIER. In-18. *(2ᵉ édition sous presse)*.

Maïs (*Alcoolisation des tiges du*) et du **Sorgho sucré**. ALCOOL. — CIDRE. — BIÈRE. — VINS ARTIFICIELS, par DURET, chimiste. In-18. 75 c.

Mécanique agicole (*Traité complet de*), par J. GRANDVOINNET.

    1ʳᵉ PARTIE. — Mécanique générale, 1ʳᵉ liv., in-18, 115 fig. 1 75
    2ᵉ PARTIE. — Machines agric., 1ʳᵉ et 2ᵉ liv., in-18, 121 fig. 3 50
    —   ————— atlas, 21 pl.   1 75
(Ces quatre livraisons ne se vendent pas séparément.)

Moutons (*Guide de l'éleveur et de l'engraisseur de*), par J.-J. LEGENDRE, propriétaire-cultivateur. 1 vol. in-18.   1 fr.

Pigeons de colombier et de volière (*Guide de l'éleveur de*), par MARIOT-DIDIEUX. In-18.   75 c.

Pigeons (*De l'éducation des*), **Oiseaux** de luxe, de volière et de cage, par A. ESPANET. 1 vol. in-18.   1 fr.

Pisciculteur (*Guide du*), par J. REMY et le Dʳ HAXO. In-18, grav. 1 50

Porcs (*Du traitement des*) aux différentes époques de l'année. Extrait des meilleurs ouvrages anglais, par J. A. G. 1 vol. in-18 avec 32 figures dans le texte.   1 25

Porcheries (*De l'établissement des*), dispositions diverses, construction, par J. GRANDVOINNET, 1 vol. in-18 avec 95 fig. dans le texte. 2 50

Poules (*De l'éducation des*), **Dindes**, **Oies** et **Canards**, par le F. Alexis ESPANET. 1 vol. in-18.   1 fr.

Poules et Poulets (*Guide de l'éleveur de*), par J. ALLIBERT, professeur de zootechnie à Grignon. 1 vol. in-18.   75 c.

Races bovines (*De l'amélioration des*) en France, et particulièrement dans les départements de l'Est, par SAINT-FERJEUX. 2ᵉ édit. 1 fr.

Récoltes dérobées (*Des*), comme fourrages et engrais verts en général, et de la culture de la *Moutarde blanche* en particulier, trad. de l'anglais et annoté par J. A. G. 1 vol. in-18 avec fig.   75 c.

Semailles en ligne (*Des*) et des **Semoirs mécaniques**, par F. GEORGES. In-8. (Extrait de l'*Agriculteur praticien*.)   50 c.

Sorgho à sucre (*Guide du distillateur du*), par F. BOURDAIS. In-18. 1 fr.

Stabulation (*De la*) de l'espèce bovine, par le baron PEERS. 1 vol. in-18.   1 25

Topinambour (*Du*). Culture, alcoolisation, panification de ce tubercule, par DELBETZ, cultivateur. 1 vol. in-18.   1 25

Végétaux (*De la nutrition des*) considérée dans ses rapports avec les assolements, par le baron DE BABO. 1 vol. in-18.   1 fr.

Vers à soie (*Guide de l'éleveur de*), par MM. GUÉRIN-MÉNEVILLE, et Eugène ROBERT. 1 vol. in-18 avec figures.   75 c.

Visite à un véritable agriculteur praticien, par DURAND-SAVOYAT, propriétaire-cultivateur. 1 vol. in-18.   1 25

AGRICULTURE.

Abeilles (*De l'Anesthésie ou Asphyxie momentanée des*), ses inventeurs et ses prôneurs, par HAMET. In-18.   40 c.

Abeilles (*Culture des*) dans une nouvelle ruche à étages, par DUVERNAY aîné. In-8°, 1 pl.   3 50

Abeilles (*Manuel de l'éducateur d'*), par DE FRARIÈRE. In-18. 3 50

Abeilles (*Méthode certaine et simplifiée pour soigner les*), par FÉBURIER. 1 vol. petit in-18, fig.   1 25

Abeilles (*Nouvelle méthode pour élever les*), par Ch. Le Blon (de Gand). In-18. 75 c.

Abeilles (*Nouvelles Observations sur les*), par F. Huber, 1814. 2 vol. in-8, fig. 10 fr.

Abeilles *(Le Conservateur ou la Culture perfectionnée des)*, d'après les méthodes les plus récentes et avec application de celle de Nutt. In-8 avec 3 pl., 1843. 1 50

Abeilles. — *Grand assortiment d'ouvrages anciens.*

Acétrophie ou *Gattine des vers à soie*. Nouveaux et importants détails sur cette maladie, etc., par J. Charrel. In 8. 2 fr.

Agriculteur (*L'*) *praticien*, par V.-P. Rey. In-12. 2 fr.

Agriculture (*Cours d'*), par de Gasparin. 5 vol. in-8. 37 50

Agriculture du Centre, par Cancalon. 1 vol. in-8. 2 50

Agriculture *(Cours d')*, de **Viticulture et de Jardinage**, par Mathieu Risler père. 1 vol. in-18. 2 fr.

Agriculture (*Eléments d'*) **et d'Économie rurale**, ou petit Questionnaire à l'usage des écoles communales, par C. Mallat. 1 vol. in-12. 60 c.

Agriculture (*Histoire de l'*), depuis les temps les plus reculés jusqu'à la mort de Charlemagne. Document inédit sur l'histoire des Gaulois, etc., par Victor Cancalon. 1 vol in-8. 6 fr.

Agriculture (*Manuel d'*), par demandes et par réponses, à l'usage des écoles primaires et des propriétaires ruraux, par Bruno. In-18. 40 c.

Agriculture populaire, par Jacques Bujault, cultivateur à Chaloue (Deux-Sèvres), précédée d'une introduction par Jules Rieffel, directeur de Grand-Jouan. 1 beau vol. in-8 orné de 38 fig. 6 fr.

Agriculture pratique (*Cours complet d'*), par Burger, Pfeil, Rohlwes, etc., traduit de l'allemand par Noirot ; suivi d'un Traité sur les vers à soie et la culture du mûrier, par Bonafous. 1 vol. in-4. 10 fr.

Agronomie (*Principes de l'*), par de Gasparin. In-8. 3 75

Ampélographie rhénane, ou Description des cépages les plus cultivés dans la vallée du Rhin et dans plusieurs contrées viticoles de l'Allemagne méridionale, par J.-L. Stoltz. 1 vol. in-4 orné de 32 pl. : fig. noires, 15 fr.; — figures coloriées 25 fr.

Animaux (*Recherches expérimentales sur l'alimentation et la respiration des*), par J. Allibert. In-8. 1 50

Animaux et Insectes nuisibles. Leur destruction. *Brochures diverses.*

Annales agricoles de Roville, ou Mélanges d'agriculture, d'économie rurale et de législation agricole, par Mathieu de Dombasle. 9 vol. in-8. (*D'occasion, ouvrage épuisé.*) 75 fr.

Apiculture (*Cours pratique d'*), professé au jardin du Luxembourg par Hamet. 1 vol. in-18 orné de 85 fig. 3 fr.

Annales forestières. — *Volumes divers et numéros détachés.*

Apiculture (*l'*) **perfectionnée**, ou *Théorie et application pratique de la direction des rayons*, par J. Greslot. 1 vol. in-18 avec 30 fig. 1 50

Apiculture simplifiée, ou *Nouvelles Instructions sur l'éducation des abeilles*, par A. N. Desvaux. 1 vol. in-18. 1 25

Apiculture *(Petit Traité d')*, ou *Art de soigner les abeilles*, par Hamet. 1 vol. petit in-18, 50 fig. 60 c.

Arbres (*Physique des*), ou Traité de leur anatomie et de l'économie végétale, par Duhamel du Monceau. 2 vol in-4, fig. (*D'occasion.*) 20 fr.

Arbres et Arbustes (*Traité des*) qui se cultivent en France en pleine terre, par Duhamel du Monceau. 2 vol. in-4, fig. (*D'occasion.*) 25 fr.

Arbres et leur culture (*Semis et plantations des*), par Duhamel du Monceau. 1 vol. in-4, fig. (*D'occasion.*) 8 fr

Arbres résineux, conifères *(Culture forestière des)*, par L. GIHOUL. 1 vol. grand in-8. 9 planches coloriées. 6 fr.

Asphodèle *(Note sur les tubercules de l')* et sur son emploi, suivie d'une notice sur les divers emplois du gland, par CHEVALLIER fils. In-8. 50 c.

Bétail gras *(Le)* **et les Concours** d'animaux de **Boucherie**, par Eug. GAYOT. 1 vol. in 8. 3 50

Bêtes à cornes *(Guide de l'Eleveur de)*, par VILLEROY. 3e édit. 1 vol. in-18. 1 25

Bois *(De l'Exploitation des)*, par DUHAMEL DU MONCEAU. 2 vol. in-4, fig. *(D'occasion.)* 25 fr.

Bois *(Du transport, de la conservation et de la force des)*, par DUHAMEL DU MONCEAU. 1 vol. in-4, fig. *(D'occasion.)* 8 fr.

Bois *(Traité général de statistique, culture et exploitation des)*, par J.-B. THOMAS, 1840. 2 vol. in-8, fig. 10 fr.

Bois *(Des qualités et de l'usage du)* sous le rapport économique et industriel. In-8. 25 c.

Bois *(De la culture et de l'aménagement des)*. In-18. 25 c.

Bois et écobuage *(Conservation des)*, par GUEYMARD. In-18. 25 c.

Bois *(Traité du cubage des)*, ou Tarifs pour cuber les bois carrés ou de charp., les bois en grume au 5e et au 6e réduit, par GUSSOT. In-8, 4e éd. 1 25

Bois en grume *(Tarif métrique pour la réduction des)* en bois équarris, mesurés de 3 en 3 centim., etc., par FOUCHARD. In-18. 2 50

Bon conseiller *(Le)* **des Cultivateurs**, ou *Instruction pratique* sur les quatre principaux points de l'agriculture, par RIVIÈRE. In-18. 1 fr.

Botanique agricole et médicale, ou *Etude des plantes* qui intéressent principalement les vétérinaires et les agriculteurs, etc., par J.-A. RODET. 1 vol. in-8, 328 fig. 12 fr.

Boulangerie économique *(Notice sur la)*, mouture, pétrissage, cuisson instantanée, système Alexis Lurine, par BRASSEUR. In-8. 50 c.

Calendrier du bon Cultivateur, par MATHIEU DE DOMBASLE, 10e édit. 1 vol. in-12 avec pl. *(Sous presse.)*

Canards. (Voir *l'Education des poules*, de F. Alexis ESPANET, page 4.)

Catéchisme agricole à l'usage des écoles rurales, par Michel GREFF, 6e édit. 1 vol. in-18. 60 c.

Chenille arachnoïde *(Sur la nécessité de détruire la)*, par J. GONSALEZ. In-4. 1 fr.

Cheval *(L'Age du)*. Description détaillée des modifications successives de la denture, suivie d'un exposé des ruses le plus généralement employées par les maquignons et des moyens de les déjouer, par ROBINSON. 1 vol. in-18 orné de fig.

Cheval *(Traité de l'extérieur du)* et des principaux animaux domestiques, par LECOQ. 1 vol. in-8, 155 fig. 3e édit. 9 fr.

Cheval *(Choix du)*. Appréciation des caractères à l'aide desquels on reconnaîtra l'aptitude des chevaux aux divers services, par MAGNE, professeur à l'Ecole d'Alfort. 1 vol. in 12 et 5 planches. 1 25

Chicorée *(De la)* dite Café-chicorée. — Emploi, fabrication, falsification, moyen de la reconnaître, etc., par A. CHEVALLIER fils. In-8. 50 c.

Chimie agricole *(Analyse des cours de)*, professés en 1857 et 1858, par MALAGUTI, à la faculté des sciences de Rennes. 2 vol. in-18. 2 fr.

Chimie agricole *(Leçons de)* professées en 1847, par MALAGUTI. 1 vol. in-18. 3 50

Chimie agricole *(Petit Cours de)*, à l'usage des écoles primaires, par F. MALAGUTI. 1 vol. in-18, fig. 1 25

Conseils aux agriculteurs sur les moyens de prévenir l'indigestion gazeuse connue dans nos campagnes sous le nom d'enflure des vaches, par Mathurin PAPIN, médecin vétérinaire. In-18. 30 c.

Conseils aux cultivateurs bretons sur l'*hygiène des animaux domestiques*, ou *Connaissance* des moyens de les entretenir et conserver en santé, par Mathurin PAPIN, médecin vétérinaire. 1 vol. in-12. 1 75

Constructions rurales, par DUVINAGE. 1 vol. in-18. 3 50

Coquilles (*Des*) animalisées, et de leur emploi en agriculture, par P. BORTIER. In-8. 1 fr.

Cubage des bois en grume et équarris (*Tarif de poche* ou *Traité portatif du*), s'appliquant aux divers systèmes en usage ; *vade-mecum* des agents forestiers, etc., par HURTAULT-BANCE, ancien marchand de bois. petit in-18. 80 c.

Cubage des bois équarris (*Tarif métrique pour le*), etc., par FOUCHARD père. 1 vol. in-18. 4 fr.

Cuisinière (*La*) de la ville et de la campagne, ou Nouvelle Cuisine économique, par L. E. A. 37e édit. 1 vol. in-12 avec 300 fig. 3 fr.

Cuisinier (*Le*) des **Cuisiniers**, renfermant 1,000 recettes de cordon bleu faciles et économiques. 15e édit. 1 vol. in-18. 3 50

Culture améliorante (*Principes économiques de la*), par Edouard LECOUTEUX. 1 vol. in-18. 2 50

Culture (*La*) et la **Vie des champs**, par J. BODIN. In-18. 1 fr.

Dindes. (Voir l'*Education des Poules*, de F. Alexis ESPANET, page 4.)

Drainage (*Manuel populaire du*), par A. VITARD. 1 vol. in-18. 3 50

Drainage (*Du*), par Félix RÉAL. In-18. 25 c.

Drainage. Commentaire de la loi du 17-23 juillet 1856, suivi de la législation sur les irrigations, etc., par L. TRIPIER. 1 vol. in-8. 3 fr.

Economie rurale, considérée dans ses rapports avec la chimie, la physique et la météorologie, par J.-N. BOUSSINGAULT. 2 v. in-8, 2e éd. 15 fr.

Ecurie (*Economie de l'*), ou Manuel concernant les soins à donner aux chevaux, la disposition des écuries, les attributions des grooms, la nourriture, l'abreuvage et le travail, par John STEWART. 1 beau vol. in-8. Fig. dans le texte. 5 fr.

Eléments d'agriculture, par J. BODIN. 1 vol. in-18, 3e édit., revue, augm. et ornée de planches. 1 75

Engrais azotés (*Des*), par DE GASPARIN, extrait par GUEYMARD, avec un tableau comparatif de la puissance de 119 engrais. In-18. 25 c.

Engrais composés (*Etude sur les*) et sur leur utilité en agriculture, par A. DE LAVALETTE. In-18. 25 c.

Engraissement (*Observations et conseils pratiques sur l'*) des veaux, des vaches et des bœufs, par FAVRE D'EVIRE. 1824, in-8. 75 c.

Enseignement de l'agriculture (*Guide de l'*), considérée comme profession, par THAER, traduit par SARRAZIN. 1 vol. in-12. 2 50

Escargots (*Des*) au point de vue de l'alimentation, de la viticulture et de l'horticulture, par EBRARD. In-8. 50 c.

Fécondation (*De la*) et de l'Eclosion artificielles des œufs de poisson et de l'éducation du frai, suivant le procédé de MM. GEHIN et REMY, par GODENIER. In-8. 1 fr.

Fécondation et Éclosion artificielles des œufs de poisson et éducation du frai. In-8. 25 c.

Forêts (*Traité pratique de l'estimation des*) et de l'exploitation des bois de charpente, par F. et T. CHALLETON. 1 vol. in-8, autographié. 3 fr.

Fours économiques à circulation d'air chaud, par A. CASTERMANN. 1 vol. grand in-8 avec 5 pl. 2e édit. Bruxelles. 2 50

Fosse (*La*) à fumier, par BOUSSINGAULT. In-8. 1 25

Gallinacées (*Notice sur un mode d'éducation pour régénérer les*), suivie des recherches sur la *Méthode d'engraissement des Poulardes*, par Letrone. In-8. 1 25

Géologie appliquée aux arts et à l'agriculture, par d'Orbigny et Gente. 1 vol. in-8. 8 fr.

Grains (*Traité de la conservation des*), et en particulier du froment, par Duhamel du Monceau. 1 vol. in-12 rel. avec pl. (*Ancien et rare.*) 2 50

Grains (*Traité sur la vente des*) à la mesure, au poids de l'hectolitre ou au quintal métrique, etc.; par Hubaine. In-4. 2 50

Guide des Cultivateurs du midi de la France, de la Corse et de l'Algérie, par Henri Laure. 1 vol. in-8. 7 fr.

Guide du Sportman, ou Traité de l'entraînement et des courses de chevaux, par Eug. Gayot. 1 vol. in-8. 2e édit. 3 50

Herbier agricole, ou Liste des plantes les plus communes, par J. Bodin. 1 vol. petit in-18 orné de 110 figures. 1 50

Il faut semer clair, ou Moyen de remédier à la disette des céréales, trad. de l'anglais, de Davis, par de Thier. In-18. 30 c.

Indispensable du Cultivateur (*L'*), contenant : barème des mesures de capacité usitées en France pour les grains, comparées entre elles pour les poids et les prix, et aux 100 kilos, etc., par Bathias, petit in-18. 2 fr.

Irrigations (*Guide pratique pour les*), le drainage et la culture des oseraies, suivi des lois qui les concernent, par P.-J. Brassart. In-18. 50 c.

Jardin du Cultivateur, par Naudin. 1 vol. in-18. 1 25

Lait (*Notice sur le commerce du*) destiné à l'alimentation de la population parisienne, par A. Chevallier. In-8. 40 c.

Landes de Bretagne (*Mise en valeur des*) par le défrichement et par l'ensemencement en bois, par le général de Lourmel. In-8. 2 fr.

Landes de Gascogne (*Les*), routes et canaux, par C. de Saulniers. 1 vol. in-8. 3 fr.

Maison rustique des dames, par Mme Millet-Robinet. 2 vol. in-12, avec 250 gravures. 3e édition. 7 50

Maison rustique du XIXe siècle, publiée sous la direction de MM. Bailly, Bixio et Malepeyre. 5 vol. gr. in-8 ornés de 2.500 gr. 39 50

Manuel d'horticulture et d'agriculture pour le département de la Gironde, par J.-C. Ramey. 1 vol. in-12. 1 75

Marcs de raisins et de pommes (*Avantages qu'il y aurait d'utiliser les*) pour obtenir des boissons alimentair., par A. Chevallier fils. In-8. 50 c.

Matières fertilisantes, *engrais solides, liquides, naturels et artificiels*, par Gustave Heuzé. 1 vol. in-8. 9 fr.

Meunerie (*Traité pratique de la*), par E.-J. Hanon. 1 vol. in-8 de 88 pages. 10 fr.

Meunier (*Le bon*), ou l'*Art de bien moudre*, par J.-P. Moreau. Brochure in-8, 2e édit. 1 75

Monographies agricoles, ou Essai sur l'amodiation des biens communaux, la vaine pâture, les inondations, la pisciculture, la culture maraîchère, par Bonnier. 1 vol. in-12. 1 50

Mouches à miel (*Traité sur les*), suivi des procédés pour faire le miel et la cire, avec divers modèles de ruche, par Bonnardel. In-8. 1 50

Moudre (*L'Art de*), ou *Mémoire* sur les moyens employés pour empêcher que la chaleur produite par la pression et le frottement des meules soit préjudiciable à la farine, par A. Van Lerberghe. In-8. 1 50

Moutons. — *Grand assortiment d'ouvrages anciens.*

Mûrier. — *Grand assortiment d'ouvrages anciens.*

Mûriers (*Instruction sur la culture des*). In-18. 25 c.

Muscardine. par Guérin-Méneville. In-8. 3 fr.

Oies. (Voir l'*Éducation des poules* de F. Alexis Espanet, page 4.)

Oiseaux de basse-cour (*Manuel de l'éleveur d'*) et de **Lapins**, par Mme MILLET-ROBINET, 2e édit. 1 vol. in-12 avec gravures. 1 25

Oiseaux de luxe, de volière et de cage.

Osier (*Traité pratique de la culture de l'*) et de son usage dans l'industrie de la vannerie fine et commune, suivi d'un aperçu sur l'art du vannier, par A. MOITRIER. 1 vol. in-8 avec 4 pl. 2 fr.

Pain (*Du*) et des Moyens d'obtenir une économie de 30 à 40 pour cent dans sa fabrication, par l'emploi d'un nouveau farineux qui a toutes les propriétés du froment, par BEAUX. 1 vol. in-18. 1 50

Paysans (*Les*) **français**, considérés sous le rapport économique, agricole, médical et administratif, par Anacharsis COMBES, président du Comice agricole de Castres, et Hipp. COMBES, doct.-méd. 1 v. in-8. 6 fr.

Pins (*Traité pratique de la Culture des*), de leur plantation, de leur aménagement, de leur exploitation et des divers emplois de leurs bois, etc., par DELAMARRE. 1 vol. in-8. (*D'occasion.*) 5 fr.

Pisciculture. Rapport sur le repeuplement des cours d'eau et sur les travaux de pisciculture de M. MILLET, suivi des *Etudes sur les fécondations artificielles des œufs de poisson*, par MM. DE QUATREFAGES et MILLET. In-8. 1 25

Pisciculture (*Eléments de*), ou *Résumé* des expériences faites au château de Maintenon, par Isidore LAMY. 1 vol. in-18 avec fig. 1 25

Plantes fourragères, par Gustave HEUZÉ, professeur d'agriculture à Grignon. 1 vol. in-8 orné de 38 vignettes. 7 fr.

Plantes fourragères (*Petit Traité de la culture des*), par P.-A. DE THIER. In-18. 75 c.

Plantes industrielles (*Les*), par Gustave HEUZÉ. 1re partie. 1 vol. in-8 orné de 21 vignettes et de 10 pl. col. 7 50

Police rurale (*Manuel de*). Ouvrage utile aux fonctionnaires publics et aux propriétaires, par THIROUX, 3e édit. 1 vol. in-18. 2 fr.

Pommes de terre (*Culture et conservation des*). In-18. 25 c.

Poules (*Des*), ou Réformation de la basse-cour, par BEAUFORT DE LAMARRE. In-8. 75 c.

Poules (*Education des*), par BEAUFORT DE LAMARRE, suivie du *Chaponnage et de l Engraissement de la Volaille* dans le Maine et la Bresse. In-18. 25 c.

Porcs (*Education des*) et leurs div. rac., par P. DE MORTILLET. In-18. 25 c.

Poulailler (*Le*). Monographie des Poules indigènes et exotiques, texte et dessins, par Ch. JACQUE. 1 vol. in-8. 7 50

Poules bonnes pondeuses (*Les*) reconnues au moyen de signes certains, et indications pratiques pour faire des poulets et des volailles grasses, par L. PRANGÉ, vétérinaire. 1 vol. in-12. 1 75

Poules (*Instruction sur l'éducation des*), des poulets, des chapons et des poulardes. In-12. 25 c.

Prairies artificielles (*Essai sur les*), luzerne, trèfle ordinaire, trèfle printanier et sainfoin ou esparcette, par H. MACHARD. 1 vol. in-18. 1 fr.

Production de l'alcool (*De la*) par la distillation du jus de betterave (système Champonnois). In-18. 1 50

Promenades agricoles (*Lectures et*), par J. BODIN. Petit in-18. 60 c.

Propriétaire architecte, contenant des modèles de maisons de ville et de campagne, de remises, écuries, orangeries, serres, etc., par U. VITRY. 2 vol. in-4 avec 100 grav. 20 fr.

Régulateur général et perpétuel des boulangeries de France, par THIBAULT, ancien meunier. In-plano. 2 fr.

Rossignol franc ou chanteur (*Traité du*), contenant la manière de le prendre au filet, de le nourrir facilement en cage et d'en avoir le chant toute l'année. 1 vol. avec fig. (ouvrage ancien). 2 50

Ruche française et *Education des abeilles*, par VAREMBEY. 1 vol. in-8 avec fig. 3 fr.

Sangsues (*De l'Elève et de la Multiplication des*), visite aux marais des environs de Bordeaux, par QUENARD. In-8. 75 c.

Sangsues (*Notice sur le marais à*) de Clairefontaine, par E. SOUBEI-RAN. In-8. 75 c.

Sangsues (*Rapport sur l'élève des*), fait à la Société d'encourage-ment par CHEVALLIER. In-8. 50 c.

Serins de Canarie. Ouvrages divers sur ces oiseaux, de dates et de prix divers.

Société d'Acclimatation (*Bulletin de la*). — *Volumes divers et numéros détachés.*

Sol (*Du morcellement du*), par TISSOT. 1 vol. in-8. 1 50

Sorgho (*Composition chimique et extraction du sucre de la canne de*), par Paul MADINIER. In-8. 80 c.

Sorgho (*De l'Introduction et de l'Acclimatation du*) dans le nord de la France, etc., par DUMONT-CARMENT. In-8. 1 25

Sorgho à sucre (*Le*). Culture, récolte, emploi de la graine, extraction du jus sucré, distillation, etc., par Paul MADINIER. In-8. 60 c.
(Extrait de l'*Agriculteur praticien*.)

Sorgho sucré (*Le*), sa culture comme plante fourragère et comme plante alcoolisable et saccharine, par Louis HERVÉ. In-8. 60 c.

Soufrage des vignes (*Manuel pour le*). Emploi du soufre, ses effets, par H. MARÈS. In-18, 3e éd. 1 fr.

Tarif métrique pour la réduction des bois en grume et carrés, etc., par J.-F. LECLERC. In-8. 3 fr.

Tarif régulateur et perpétuel pour le commerce des blés et farines, par L. THIBAULT. In-8. 1 50

Taupier (*L'Art du*), ou Méthode amusante et infaillible pour prendre les taupes, par DRALET. 16e édit. 1 vol. in-12, fig. 1 fr.

Urines (*Conservation, désinfection et utilisation des*), par A. CHE-VALLIER fils. In-8. 80 c.

Vaches (*Castration des*), par CHARLIER, vétérinaire. In-8. 2 fr.

Végétaux (*Recherches sur les maladies des*) et particulièrement sur la maladie de la vigne, par GUÉRIN-MENEVILLE. In-8. 25 c.
(Extrait de l'*Agriculteur praticien*.)

Vers à soie. — *Grand assortiment d'ouvrages anciens.*

Vers à soie (*Education des*), comprenant l'éclosion des œufs, l'édu-cation des vers à soie, la formation et la récolte des cocons, la conser-vation de la graine. 2 brochures in-12. 50 c.

Vers à soie (*Education des*). Tableau synoptique de toutes les opé-rations, jour par jour, de l'éducation des vers à soie. 2 pag. in-fol. 25 c.

Vers à soie (*Gattine des*), ou Etude des causes du fléau qui a frappé plus ou moins les éducations de 1856, par J. CHARREL. In-8. 75 c.

Vigne (*Nouvelle Culture de la*) en plein champ, sans échalas ni attaches, par TROUILLET. 1 vol. in-18 avec 12 belles gravures. 1 50

Vigne (*Régénération de la*) par une nouvelle plantation, par E. TROUILLET. In-18. 75 c.

Vigne (*Instruction sur une nouvelle méthode de cultiver la*) sans échalas et sans autre appui que celui qu'elle peut trouver en elle-même, etc., par LEBEUF. In-8. 1 planche. 1 fr.

Vigne (*Traité sur la nature et sur la culture de la*), sur le vin, la façon de le faire, et la manière de le bien gouverner, à l'usage des dif-férents vignobles du royaume de France, par BIDET, revu par DUHAMEL DU MONCEAU. 2e édit. 1759. 2 vol. in-12 reliés. Planches. 5 50

Vigne (*Observations sur la maladie de la*), par MARÈS. In-8. 1 fr.

Vigne (*Mémoire sur la Maladie de la*) et sur le moyen curatif, par PASCAL. In-8. 50 c.

Vigne (*Nouveau mode de culture et d'échalassement de la*), applicable à tous les vignobles où l'on cultive les vignes basses, par T. COLLIGNON. 1 vol. in-8 avec 3 pl. 3 fr.

Vigne malade (*Guérison de la*) par un nouveau mode de culture, par l'abbé J.-B. DELPY. In-8. 2 fr.

Vigne (*Maladie de la*). Observations et expériences, par A. CHATIN, professeur de botanique. In-8. 25 c.

Vinification (*Traité pratique de*), ou Guide des propriétaires, vignerons, négociants, etc., par H. MACHARD. 3e édit. in-18, *sous presse*.

Vins (*Art d'améliorer les*) et de les guérir des diverses maladies qui peuvent les affecter. In-12 de 32 pages. 1 25

Viticulture (*Premières Notions de*) et d'œnologie, dédiées à la jeunesse des écoles primaires dans les contrées viticoles, par STOLTZ. In-18 accompagné de 19 pl. 90 c.

Zootechnie, ou science qui traite du choix des animaux domestiques, de leur conservation, de leur rendement et des principales maladies dont ils peuvent être affectés, par Ch. KNOLL aîné, vétérinaire. 2 vol. grand in-8. Grand nombre de gravures. 12 fr.

Bibliothèque de l'Horticulteur praticien.

Almanach du Jardinier-Fleuriste pour 1859, suivi de quelques notes sur le jardin potager, 6e année. 1 vol. in-18 avec fig. dans le texte. 50 c.

Les années 1854, 1855, 1856, 1857 et 1858, chaque 50 c.

Arbres fruitiers et de la Vigne (*Nouvelle Méthode de taille des*), par PICOT-AMETTE. 3e édit. 1 vol. in-18 orné de 37 grav. dans le texte. 1 50

Arbres fruitiers (*Instructions élémentaires sur la taille des*), par LACHAUME. 1 vol. in-18 orné de 20 fig. 75 c.

Asperges (*Instructions pratiques sur la plantation des*), par BOSSIN. 2e édition. 1 vol. in-18. 75 c.

Camellias (*Traité de la culture des*), par J. DE JONGHE. 2e édit. 1 vol. in-18. 1 fr.

Champignons comestibles et vénéneux (*Traité élémentaire des*), par DUPUIS. 1 vol. in-18 avec 8 pl. col. 1 75

Chrysanthème de l'Inde (*Culture du*), suivie d'une Monographie contenant la description de 250 variétés, par BERNIEAU, horticulteur. 1 vol. in-18. 1 fr.

Fuchsia (*Histoire et Culture du*), suivies de la description de 540 espèces et variétés, par F. PORCHER. 1 vol. in-18. 3e édit. 2 fr. 25

Horticulteur praticien (L'), *Revue de l'Horticulture française et étrangère*, publiée avec le concours des amateurs, des horticulteurs et des présidents de Sociétés d'horticulture de France et de l'étranger, sous la direction de M. N. FUNCK, directeur du Jardin royal d'Horticulture de Bruxelles.

L'*Horticulteur praticien* paraît le 1er de chaque mois, par livraison de 24 pages grand in-8, accompagnée de 2 belles lithographies color.

Prix de l'abonnement pour l'année : 9 fr.

Les abonnements à la 3e année ont commencé le 1er janvier 1859. L'année 1858, prix brochée. 9 fr.

Jardin Fleuriste (Le), ou *Instructions* simples et précises à l'usage des amateurs et des horticulteurs, pour la culture des plantes d'ornement, annuelles ou vivaces, oignons à fleurs, etc., par Charles LEMAIRE. 1 vol. in-18 avec figures. 3 50

Melons (*Culture des*). Méthode simple et précise pour obtenir les melons d'une grosseur extraordinaire, etc., par Dufour de Villerose. 1 vol. in-18 avec 5 grav. pour l'explication des tailles.   75 c.

Pêcher en espalier (*Instructions pratiques sur la culture du*), par Lasnier, horticulteur. In-18.   50 c.

Rosier *(Culture du)*, par Hippolyte Jamain, horticulteur. 1 vol. in-18 avec fig dans le texte. (*Sous presse.*)

—

JARDINAGE.

Arboriculture (*Cours élémentaire et pratique d'*), par A. Dubreuil. 4ᵉ édit. 2 vol. in-18.   12 fr

Arboriculture (*Manuel pratique d'*) renfermant ce que les meilleurs auteurs et les praticiens ont dit de mieux sur les *défoncements*, la *plantation*, les *formes*, la *taille* et la *mise à fruits des arbres fruitiers*, par l'abbé Raoul. 2ᵉ édition. 1 vol. in-18, pl. et tableaux.   2 25

Arbres fruitiers (*Instruction élémentaire sur la conduite des*), par Dubreuil. 2ᵉ édit. 1 vol. in-18, fig.   2 50

Arbres fruitiers (*Instruction élémentaire sur la conduite et la taille des*), par Croux. In-8 avec fig.   3 50

Arbres fruitiers (*Tableau de la conduite et de la taille des*), avec texte explicatif, par l'abbé Dupuy. In-plano.   2 fr.

Arbres fruitiers *(Pratique raisonnée de la taille des)* et de la vigne, par Cossonet. 1 vol. in-8, avec 21 planches.   5 fr.

Arbres fruitiers (*Taille raisonnée des*), suivie de la Description des greffes les plus usitées, par J.-A. Hardy. 4ᵉ édit. 1 vol. in-8, figures dans le texte.   5 50

Arbres fruitiers. Taille et mise à fruit, par Puvis. 2ᵉ éd. In-18. 1 25

Asperges (*Traité complet de la culture naturelle et artificielle des*), par Loisel. 1 vol. in-12.   1 25

Bon Jardinier (*Le*) pour 1859, par Poiteau, Vilmorin, Decaisne, Neumann, Pepin. 1 vol. in-12.   7 fr.

Bon Jardinier (*Figures de l'Almanach du*), par Decaisne, 20ᵉ éd., 632 grav. et 45 pl. 1 vol. in-12.   7 fr.

Botanique (*Atlas élémentaire de*), avec le texte en regard, comprenant l'organographie, l'anatomie et l'iconographie des familles d'Europe, par le docteur le Maout. In-4. 2,540 fig.   15 fr.

Botaniste (*Petit Manuel du*) et de l'Herboriste, accompagné de planches explicatives et suivi de quelques principes de médecine, de pharmacie et d'économie domestique, par L. F., F. M. et P. M. 2ᵉ éd. 1 vol. in-12.   1 79

Boutures (*Notions sur l'art de faire les*), par Neumann. 3ᵉ édition. 1 vol. avec 31 figures.   2 fr.

Boutures. (*Voir le* Jardin fleuriste, page 12.)

Catalogue descriptif et raisonné des arbres fruitiers et d'ornement des pépinières, de André Leroy. In-8.   1 fr.

Catalogue raisonné et précédé d'instructions sur la plantation, la taille des arbres fruitiers, arbustes et rosiers cultivés chez Jamain et Durand. In-4.   1 50

Champignons (*Traité prat. de la culture des*), par Salle. In-18. 1 fr.

Chimie et Physique horticoles, par Dehérain. 1 vol. in-18.   1 25

Conifères (*Traité général des*), ou Description de toutes les espèces et variétés connues aujourd'hui ; leur synonymie, procédés de culture et de multiplication, par A. Carrière. 1 vol. in-8.   10 fr.

Culture maraîchère (*Manuel pratique de la*) de Paris, par Moreau et Daverne. In-8, 2ᵉ édit.   5 fr.

Culture maraîchère (*Manuel pratique de*), par Courtois-Gérard. 3ᵉ édition. 1 vol. in-18.   3 50

Culture potagère (*Nouv. Traité de*), par Joigneaux, 1 vol. in-18. 2 25

Culture potagère (*Petit Traité pratique de*) rustique et facile, par J. Prevost. In-18.   40 c.

Fécondation naturelle et artificielle (*De la*) **des végétaux, et de l'hybridation** considérée dans ses rapports avec l'horticulture, l'agriculture et la sylviculture, par Lecoq. 1 vol. in-12.   3 50

Fleurs (*Album de*) annuelles et vivaces, publié par livraisons, par Vilmorin-Andrieux. Prix de la livr.   4 fr.

Neuf livr. sont en vente. Chaque liv. se vend séparément.

Fleurs (*De la Culture des*) dans les appartements, sur les fenêtres et dans les petits jardins, par Courtois-Gérard. 2ᵉ édit. In-18.   1 fr.

Fleurs (*Instructions pour les semis de*) de pleine terre, avec l'indication de leur couleur, époque de floraison, culture, etc., par Vilmorin-Andrieux. 2ᵉ édit. In-16.   75 c.

Flore d'Alsace et des contrées limitrophes, par F. Kirschleger. 2 vol. in-18.   17 fr.

Flore française, ou Description succincte de toutes les plantes qui croissent naturellement en France, par Lamarck et Decandolle. 1815. 6 vol. in-8 reliés. Fig.   70 fr.

Flore du Jura septentrional (*Synopsis de la*) et du Sundgau, par feu Friche-Joset père et par F.-J. Montaudon. 1 vol. in-18.   5 fr.

Flore élémentaire des jardins et des champs, avec des clefs analytiques conduisant promptement à la détermination des familles et des genres, et un vocabulaire des termes techniques, par Le Maout et Decaisne. 2 vol. petit in-8.   9 fr.

Greffe (*Traité de la*) des arbres fruitiers et spécialement de la **Greffe des boutons à fruit**, par l'abbé Dupuy. 1 vol. in-18, orné de 24 pl. représentant 151 sujets.   2 50

Greffe (*Traité complet de la*), contenant la description de 135 espèces de greffes, par Louis Noisette. 1 vol. in-12 avec 6 planches.   1 25

Greffes diverses. (*Voir le Jardin fleuriste, page 12*.)

Horticulture (*Cours élémentaire d'*), théorique et pratique, par J.-B. Verlot. 2 broch. in-18.   1 25

Hortus lindenianus. Recueil iconographique des plantes nouvelles introduites par l'établissement de J. Linden. 1ʳᵉ livr. ornée de 6 belles pl. col.   4 fr.

Jardinier multiplicateur (*Guide pratique du*), ou *Art de propager les végétaux* par semis, boutures, greffes, etc., par Carrière. In-18. 3 50

Jardinier potager. (*Almanachs de 1854 et 1855*.) Ces deux almanachs forment un cours complet de culture potagère.   1 fr.

Jardins (*L'Art des*), ou Etudes théoriques et pratiques sur l'arrangement extérieur des habitations, suivi d'un Essai sur l'architecture rurale, les cottages et la restauration pittoresque des anciennes constructions, par le comte de Choulot. In-4. 1ʳᵉ livraison.   3 fr.

Jardins (*Traité de la composition et de l'ornement des*), avec 161 pl. représentant, en plus de 600 fig., des plans de jardins, des fabriques propres à leur décoration et des machines pour élever les eaux. 5ᵉ édit. 2 vol in-4 oblong.   25 fr.

Jardins (*Traité des*), ou le Nouveau de la Quintinye, contenant la culture : 1º des arbres fruitiers; 2º des plantes potagères; 3º des arbres, arbrisseaux, fleurs et plantes d'ornement; 4º des arbres, arbrisseaux et plantes d'orangerie et de serre chaude, par LE BERRYAIS. 4 vol. in-8 avec planches. 1789. 15 fr.

Jardin potager (*L'École du*), qui comprend la description exacte de toutes les plantes potagères, les qualités de terre, les situations et les climats qui leur sont propres, etc., etc.; la manière de dresser et conduire les couches, et d'élever des champignons en toutes saisons, etc., par DE COMBLES. 2 vol. in-12 reliés (*Rare*) 6 fr.

Jardinage (*La pratique du*), par Roger SCHABOL. 2 vol. in-12 reliés. (*Rare et recherché*.) 6 fr.

Jardinage (*La théorie du*), par l'abbé Roger SCHABOL. 2 vol. in-12 reliés. (*Rare et recherché*.) 2 50

Jardinage (*Manuel pratique de*), par COURTOIS-GÉRARD, 5e édition. 1 vol. in-12 3 50

Jardinier solitaire (*Le*), ou Dialogues entre un curieux et un jardinier solitaire, contenant la méthode de faire et de cultiver un jardin fruitier et potager, et plusieurs expériences nouvelles avec des réflexions sur la culture des arbres. 1 vol in-12 relié. (*Ancien et rare*.) 2 50

Légumes (*Album de*), publié par livraisons, par VILMORIN-ANDRIEUX. Prix de la livraison. 3 fr.

Neuf livr. sont en vente. Chaque livr. se vend séparément.

Melons (*Traité complet de la culture des*), par LOISEL. 3e éd. 1 25

Œillets (*Culture des*), par RAGONOT-GODEFROY. In-12, fig. 2e éd. 1 25

Pêchers (*Traité de la culture des*), par DE COMBLES. 1 vol. relié. (*Ouvrage ancien et rare*.) 3 fr.

Pêcher en espalier (*Instructions pratiques sur la culture du*), par LASNIER, horticulteur. In-18. 50 c.

Pêcher en espalier carré (*Pratique raisonnée de la taille du*), par Al. LEPÈRE. 4e édit. 1 vol. in-8, fig. 4 fr.

Pelargonium, par THIBAULT. 1 vol. in-18. 1 25

Pensée (*La*), la **Violette**, l'**Auricule** ou Oreille-d'Ours, la **Primevère**. Histoire et culture, par RAGONOT-GODEFROY. in-18, fig. col. 2 fr.

Pépinières, par CARRIÈRE. 1 vol. in-18. 1 25

Plantes bulbeuses (*Essai sur la culture générale des*), par LEMAIRE. 1 vol. in-18. 1 25

Plantes potagères (*Culture ordinaire et forcée des*), par F. GERARDI. 1 vol. in-18, orné de 200 fig. et dessins. 4 fr.

Plantes potagères (*Description des*), par VILMORIN-ANDRIEUX et Cie. 1 vol. 5 fr.

Poires (*Les bonnes*), leur description abrégée et la manière de les cultiver, par Charles BALTET. In-8. 75 c.

Poirier (*Taille du*) et du **Pommier** en fuseau, par CHOPPIN. 1 vol. in-8, fig., 4e édition. 3 fr.

Pomologie. — Notice pomologique. Description succinte de quelques fruits inédits, nouveaux ou des meilleurs parmi les anciens, avec fig. au trait des fruits décrits, par J. DE LIRON D'AIROLES. 17 livrais. in-8 de publ. 17 fr.

Reine-Marguerite (*Culture de la*), par MALINGRE. In-18. 30 c.

Rose (*La*), histoire, culture, poésie, par P.-L.-A. LOISELEUR-DESLONGCHAMPS. 1 vol. in-12, fig. 3 50

Rosier, culture, multiplication. (*Voir le* Jardin fleuriste, page 12.)

Serres (*Art de construire et de gouverner les*), par NEUMANN, chef des serres au jardin des Plantes. 2e édit. 1 vol. in-4 avec 23 pl. grav. 7 fr.

Thermosiphon (*L'Art de chauffer par le*), ou **Calorifère à air chaud**, par A***. 1 vol. in-4, avec 21 planches gravées. 2e édit. 3 fr.

Ouvrages de M. Leroy-Mabille.

EXAMEN DE LA THÉORIE DE M. PAYEN SUR LA MALADIE DE LA POMME DE TERRE. Brochure in-8. » 75

POMME DE TERRE (*Sur le moyen de guérir la*) par la plantation d'automne, et d'en obtenir des récoltes plus abondantes et plus hâtives. Brochure in-8. » 75

POMME DE TERRE RÉGÉNÉRÉE PAR LA MATURITÉ (*La*), ouvrage appuyé de sept années d'observations. In-8. 1 »

POMME DE TERRE (*Recherches sur la*) depuis 1768 ; sa dégénération et sa régénération progressives prouvées par les faits. Br. in-8. 1 50

VIGNE GUÉRIE PAR ELLE-MÊME [*La*). In-8. 1 »

Ouvrages de M. Isidore Pierre

Professeur de chimie à la faculté des sciences à Caen.

ALIMENTATION DU BÉTAIL (*Etudes sur l'*) au point de vue de la production de la viande, de la graisse, des engrais, de la laine et du lait. 1 vol. in-8. 1 75

AMMONIAQUE DE L'ATMOSPHÈRE, suivie des *Nouvelles recherches*. In-8°, pl. 1 50

CÉRÉALES (*Etudes comparées sur la culture des*), des plantes fourragères et des plantes industrielles, par Isidore Pierre. 1 vol in-18. 2 50

CHAUX, MARNE ET CALCAIRES COQUILLIERS. Leur emploi pour l'amendement du sol. 2e édit. 50 c.

CHIMIE AGRICOLE. In-12, 2e édit. 22 grav. 4 »

DRAINAGE. Résumé de deux leçons faites à la faculté de Caen. In-18. » 50

FÈVES (*Notice sur une nouvelle variété de*) originaire de Novaoë. In-8. 50 c.

FOIN (*Recherches analytiques sur le thé de*). In-8. 40 c.

FOURRAGES (*Recherches sur la valeur nutritive des*). 1 vol. In-18, 2e édit. 2 »

FUMIER (*Plâtrage et Sulfatage du*), et désinfection des vidanges. In-8. 2e édit. » 50

PLANTES NUISIBLES (*Recherches analytiques sur la composition de diverses*) susceptibles d'être avantageusement employées pour l'alimentation du bétail, et sur l'emploi comme fourrage des feuilles d'orme, de lierre, de chêne et de peuplier. In-8. » 50

PRAIRIES ARTIFICIELLES (*De l'influence que peuvent exercer les sulfates sur le rendement des*). In-8. » 50

PLATRE (*Observations comparatives sur les effets du*) et du sulfate de magnésie, sur les prairies artificielles, etc. In-8. 50 c.

PRAIRIES NATURELLES (*Essais sur l'influence de quelques sulfates sur la végétation des*). In-8. » 50

SAINFOIN (*De l'influence de diverses matières salines sur le rendement du*). In-8. 1 50

SARRASIN (*Recherches analytiques sur le*), considéré comme substance alimentaire. In-8. 1 25

SUBSTANCES ALIMENTAIRES. Leçons faites à la faculté des sciences de Caen. In-18. 1 50

Evreux, A. Hérissey, imprimeur. — 859.

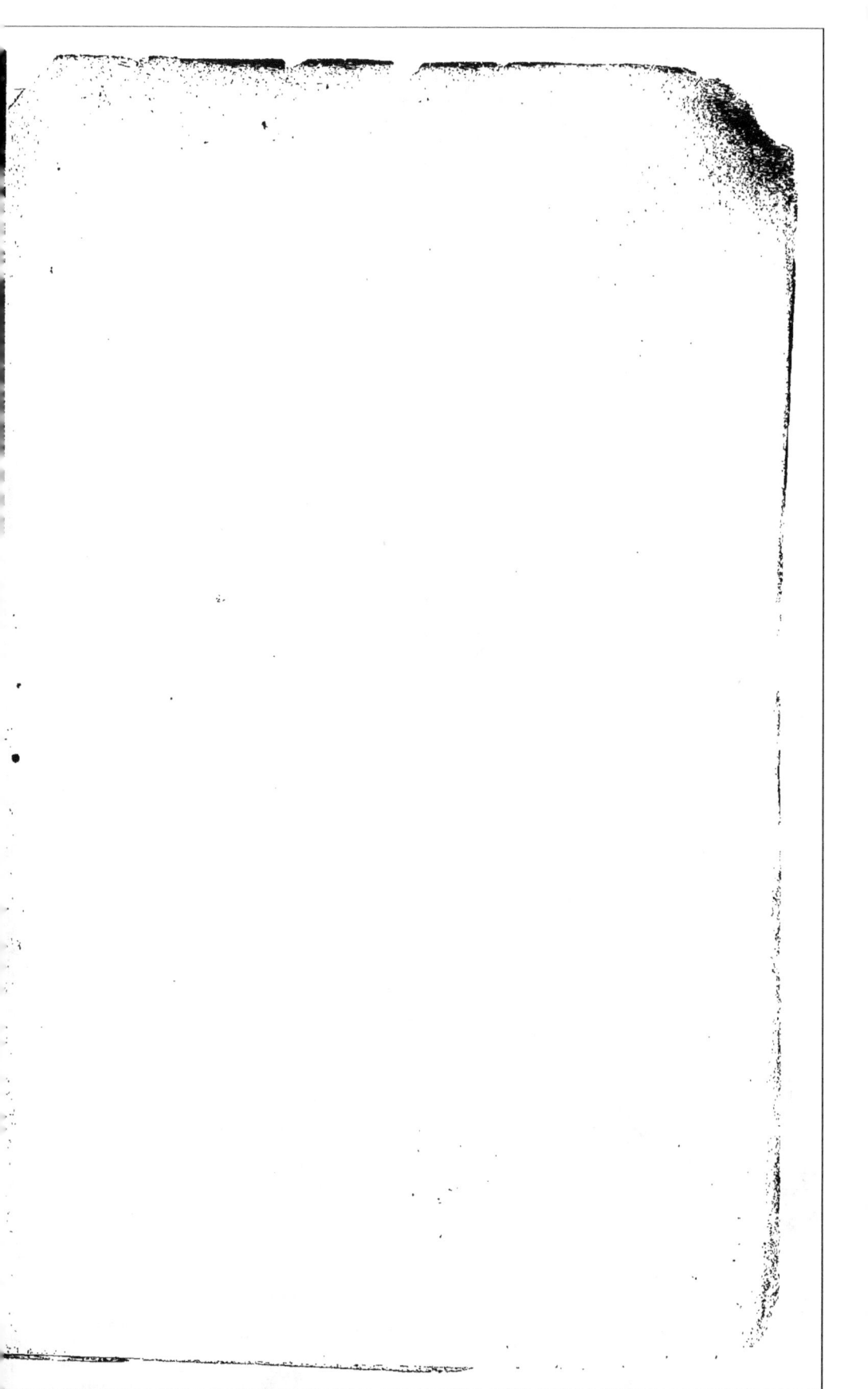

BIBLIOTHÈQUE DE L'AGRICULTEUR PRATICIEN (1)

A. GOIN, éditeur, quai des Grands-Augustins, 41.

(1) *L'Agriculteur praticien*, revue de l'Agriculture française et étrangère : 24 numéros par an, avec figures dans le texte. — Prix 6 fr.

Evreux, A. HÉRISSEY, imp. — 759

www.ingramcontent.com/pod-product-compliance
Lightning Source LLC
Chambersburg PA
CBHW050543210326
41520CB00012B/2692